"十三五"国家重点出版物出版规划项目
海 洋 新 知 科 普 丛 书

神奇海洋的发现之旅
苏纪兰院士 总主编

海洋科学与海洋技术
交叉融合发展

INTERACTIVE DEVELOPMENT
OF MARINE SCIENCE AND
MARINE TECHNOLOGY

徐 文 孙 清 王文涛 钱洪宝 等主编

海洋出版社
2023年·北京

图书在版编目(CIP)数据

海洋科学与海洋技术交叉融合发展 / 徐文等主编.
— 北京：海洋出版社, 2023.3

（海洋新知科普丛书 / 苏纪兰主编. 神奇海洋的发
现之旅）

ISBN 978-7-5210-1043-5

Ⅰ.①海… Ⅱ.①徐… Ⅲ.①海洋学－研究 Ⅳ.①P7

中国版本图书馆CIP数据核字(2022)第245255号

审图号：GS 京（2022）1506 号

HAIYANG KEXUE YU HAIYANG JISHU
JIAOCHA RONGHE FAZHAN

责任编辑：苏　勤
责任印制：安　淼

海洋出版社 出版发行

http://www.oceanpress.com.cn

北京市海淀区大慧寺路 8 号　　邮编：100081
鸿博昊天科技有限公司印刷　　新华书店北京发行所经销
2023年3月第1版　　2023年3月第1次印刷
开本：787mm×1092mm　　1／16　　印张：18.75
字数：300千字　　定价：138.00 元

发行部：010-62100090　编辑部：010-62100061　总编室：010-62100034
海洋版图书印、装错误可随时退换

编委会

海洋科学与海洋技术
交叉融合发展

编委会

序

在太阳系中，地球是目前唯一发现有生命存在的星球，科学家认为其主要原因是在这颗星球上具有能够产生并延续生命的大量液态水。整个地球约有97%的水赋存于海洋，地球表面积的71%为海洋所覆盖，因此地球又被称为蔚蓝色的"水球"。

地球上最早的生命出现在海洋。陆地生物丰富多样，而从生物分类学来说，海洋生物比陆地生物更加丰富多彩。目前地球上所发现的34个动物门中，海洋就占了33个门，其中全部种类生活在海洋中的动物门有15个，有些生物，例如棘皮动物仅生活在海洋。因此，海洋是保存地球上绝大部分生物多样性的地方。由于人类探索海洋的难度大，对海洋生物的考察、采集的深度和广度远远落后于陆地，因此还有很多种类的海洋生物没有被人类认识和发现。大家都知道"万物生长靠太阳"，以前的认知告诉我们，只有在阳光能照射到的地方植物才能进行光合作用，从而奠定了食物链的基础，海水1000米以下或者更深的地方应是无生命的"大洋荒漠"。但是自从19世纪中叶海洋考察发现大洋深处存在丰富多样的生物以来，到20世纪的60年代，已逐渐发现深海绝非"大洋荒漠"，有些地方生物多样性之高简直就像"热带雨林"。尤其是1977年，在深海海底发现热液泉口以及在该环境中存在着其能量来源和流动方式与我们熟悉的生物有很大不同的特殊生物群落。深海热液生物群落的发现震惊了全球，表明地球上存在着另一类生命系统，它们无需光合作用作为食物链的基础。在这个黑暗世界的食物链系统中，地热能代替了太阳能，在黑暗、酷热的环境下靠完全不同的化学合成有机质的方式来维持生命活动。1990年，又在一些有甲烷等物质溢出的"深海冷泉"区域发现生活着大量依赖化能生存的生物群落。显然，对这些生存于极端海洋环境中的生物的探索，对于研究生命起源、演化和适应具有十分特殊的意义。

在地球漫长的46亿年演变中，洋盆的演化相当突出。众所周知，现在的地球有七大洲（亚洲、欧洲、非洲、北美洲、南美洲、大洋洲、南极洲）和五大洋（太平洋、大西洋、印度洋、北冰洋、南大洋）。但是，在距今5亿年前的古生代，地球上只存在一个超级大陆（泛大陆）和一个超级大洋（泛大洋）。由于地球岩石层以几个不同板块的结构一直在运动，导致了陆地和海洋相对位置的不断演化，才渐渐由5亿年前的一个超级大陆和一个超级大洋演变成了我们熟知的现代海陆分布格局，并且这种格局仍然每时每刻都在悄然发生变化，改变着我们生活的这个世界。因此，从一定意义上来说，我们所居住和生活的这片土地是"活"的：新的地幔物质从海底洋中脊裂处喷发涌出，凝固后形成新的大洋地壳，继续上升的岩浆又把原先形成的大洋地壳以每年几厘米的速度推向洋中脊两侧，使海底不断更新和扩张；当扩张的大洋地壳遇到大陆地壳时，便俯冲到大陆地壳之下的地幔中，逐渐熔化而消亡。

海洋是人类生存资源的重要来源。海洋除了能提供丰富的优良蛋白质（如鱼、虾、藻类等）和盐等人类生存必需的资源之外，还有大量的矿产资源和能源，包括石油、天然气、铁锰结核、富钴结壳等，用"聚宝盆"来形容海洋资源是再确切不过的了。这些丰富的矿产资源以不同的形式存在于海洋中，如在海底热液喷口附近富集的多金属矿床，其中富含金、银、铜、铅、锌、锰等元素的硫化物，是一种过去从未发现的工业矿床新类型，而且也是一种现在还在不断生长的多金属矿床。深海尤其是陆坡上埋藏着丰富的油气，20世纪60年代末南海深水海域巨大油气资源潜力的发现，正是南海周边国家对我国南海断续线挑战的主要原因之一。近年来海底探索又发现大量的新能源，如天然气水合物，又称

"可燃冰"，人们在陆坡边缘、深海区不断发现此类物质，其前期研究已在能源开发与环境灾害等领域日益显示出非常重要的地位。

海洋与人类生存的自然环境密切相关。海洋是地球气候系统的关键组成部分，存储着气候系统的绝大部分记忆。由于其巨大的水体和热容量，使得海洋成为全球水循环和热循环中极为重要的一环，海洋各种尺度的动力和热力过程以及海气相互作用是各类气候变化，包括台风、厄尔尼诺等自然灾害的基础。地球气候系统的另一个重要部分是全球碳循环，人类活动所释放的大量CO_2的主要汇区为海洋与陆地生态系统。海洋因为具有巨大的碳储库，对大气CO_2浓度的升高起着重要的缓冲作用，据估计，截至20世纪末，海洋已吸收了自工业革命以来约48%的人为CO_2。海洋地震所引起的海啸和全球变暖引起的海平面上升等，是另一类海洋环境所产生的不同时间尺度的危害。

海洋科学的进步离不开与技术的协同发展。海洋波涛汹涌，常常都在振荡之中；光波和电磁波在海洋中会很快衰减，而声波是唯一能够在水中进行远距离信息传播的有效载体。由于海洋的特殊性，相较于其他地球科学门类，海洋科学的发展更依赖于技术的进步。可以说，海洋科学的发展史，也同时是海洋技术的发展史。每一项海洋科学重大发现的背后，几乎都伴随着一项新技术的出现。例如，出现了回声声呐，才发现了海洋山脉与中脊；出现了深海钻探，才可以证明板块理论；出现了深潜技术，才能发现海底热液。由此，观测和探测技术是海洋科学的基石，科学与技术的协同发展对于海洋科学的进步甚为重要。对深海海底的探索一直到20世纪中叶才真正开始，虽然今天的人类借助载人深潜器、无人深潜器等高科技手段对以前未能到达的海底进行了探索，但到目前为止，人类已探索的海底只有区区5%，还有大面积的海底是未知的，因此世界各国都在积极致力于海洋科学与技术的协同发展。

海洋在过去、现在和未来是如此的重要，人类对她的了解却如此之少，几千米的海水之下又隐藏着众多的秘密和宝藏等待我们去挖掘。

《神奇海洋的发现之旅》丛书依托国家科技部《海洋科学创新方法研究》项目，聚焦于这片"蓝色领土"，从生物、地质、物理、化学、技术等不同学科角度，引领读者去了解与我们生存生活息息相关的海洋世界及其研究历史，解读海洋自远古以来的演变，遐想海洋科学和技术交叉融合的未来景象。也许在不久的将来，我们会像科幻小说和电影中呈现的那样，居住、工作在海底，自由在海底穿梭，在那里建设我们的另一个家园。

总主编　苏纪兰

2020年12月25日

编者的话

技术成就发现之美

"致知在格物，物格而后知至。"——《礼记·大学》

著名物理学家丁肇中先生曾撰文写道："在中国传统教育里，最重要的书是'四书'。'四书'之一的《大学》里这样说：一个人教育的出发点是'格物'和'致知'。就是说，从探察物体而得到知识。用这个名词描写现代学术发展史再适当不过了。现代学术的基础就是实地探察，就是我们所谓的实验。"

人类在数千年的文明发展进程中，首先以自己的身体作为探索这个世界的工具：我们的双眼观察日月盈昃，我们的皮肤感受寒来暑往。以这样最原始的格物过程，人类创造历法、掌握了气候规律。今天，望远镜已经把人类的视线延伸至140亿光年，带我们回眸遥远的从前。现代科学技术为人类插上发现的翅膀，得以推究宇宙万物的来源。

2012年7月，中国"蛟龙"号载人潜水器在马里亚纳海沟3次下潜深度超过7000米，完成了地形地貌探测、沉积物生物取样等作业。这是人类在该海域第一次亲临现场进行系统的科学研究。之后，美国的"极限因子"号和中国的"奋斗者"号在海沟数十次下潜进行科考作业，并先后到达地球海洋的极限深度。从加加林至今，全世界离开地球进入太空的宇航员已经超过1300人次，而搭乘载人潜水器下潜到万米以深的尚不到100人次。人类对于海洋，尤其是广袤的深海区域的认知程度，远不及对外太空。太多的深海奥秘，在等待着勇敢者去发现。

人类因为自身发展的需求要认知海洋的规律，开发利用海洋的资源和空间，而人类无法靠自身走进深远的海洋，探索那里的问题和规律。因此，研究海洋的人们，有了"海洋科学与技术发展紧密融合、唇齿相依"这一历久弥新的话题。

本书中，编者通过数个生动典型的案例，对海洋科学与技术融合发展的历史进行了回顾与分析，探讨科学与技术的融合对于科学创新、技术创新的重要作用，总结了科学与技术融合发展的方法、手段、途径和富有启示性的经验。

本书由徐文、孙清、王文涛、钱洪宝负责策划、汇编、审校和部分章节编写，第二章海洋声呐由李建龙、赵航芳负责编写，第三章海洋环境监测雷达由吴雄斌负责编写，第四章海洋遥感由张杰负责编写，第五章水下移动观测由范双双负责编写，第六章渔业声学由刘慧负责编写，第七章地震海洋学由宋海斌负责编写，第八章海洋碳汇由王文涛负责编写，第九章对海洋科技发展的启示与借鉴由向长生、钱洪宝负责编写。韩鹏、揭晓蒙、李宇航、王丹娜、崔廷伟、金丽玲、薛钊、齐静宇、姜书、叶承、肖溪等承担了文字编辑和校对工作。

同时编写组对以下人员在编写过程当中所给予的帮助表示致谢：杨卫军、张燕武、王杭州、唐群署提供了部分素材，海洋科学创新方法研究项目总体组，尤其是苏纪兰、连琏、吴立新、焦念志、田纪伟、翦知湣、张书军等，提供了各种指导。

"悟已往之不谏，知来者之可追。"

中国人探索海洋、建设海洋强国的大幕已然拉开，作者仅以此书与千千万万海洋世界探索和发现者共勉。

编者
2021年10月于北京

6

目录

CONTENTS

Chapter 1　第一章

海洋科学与海洋技术的协同关系

你中有我，我中有你　　　　　　　　　　3

巴斯德象限　　　　　　　　　　　　　　17

海陆空天总动员　　　　　　　　　　　　21

Chapter 2　第二章

水下"顺风耳"
——海洋声呐

什么是海洋声呐　　　　　　　　　　　　26

声呐发展简史　　　　　　　　　　　　　29

水声通信技术的前世今生　　　　　　　　40

水声目标定位中的水声学、

　海洋学与信号处理互动　　　　　　　　51

Chapter 3　第三章

海上"千里眼"
——海洋环境监测雷达

什么是海洋环境监测雷达　　　　　　　　　58

人类不再"望洋兴叹"　　　　　　　　　　63

海洋雷达发展历程回顾　　　　　　　　　　78

海洋雷达发展方向：以高频地波雷达为例　　99

Chapter 4　第四章

俯瞰蓝色星球
——海洋遥感

什么是海洋遥感　　　　　　　　　　　　　106

海洋遥感发展历程　　　　　　　　　　　　110

海洋遥感案例及其剖析　　　　　　　　　　124

Chapter 5 第五章

海洋侦察兵
——水下移动观测

什么是水下移动观测 136

水下移动观测技术发展历程回顾 142

水下滑翔机：从幻想到现实 154

水下移动观测技术展望 170

Chapter 6 第六章

龙宫探宝
——渔业声学

什么是渔业声学 174

渔业声学发展简史 179

革命性案例 191

Chapter 7 第七章

海洋CT
——地震海洋学

什么是地震海洋学 212

地震海洋学发展历程回顾 218

地震海洋学探测地中海涡旋案例及其剖析　　　233

地震海洋学展望　　　239

Chapter 8　　第八章

碳中和"蓝色方案"
——海洋碳汇

什么是海洋碳汇　　　242

海洋碳汇发展历程　　　247

海洋碳汇扩增的技术　　　252

未来展望　　　263

Chapter 9　　第九章

对海洋科技发展的
启示与借鉴

海洋科学与技术的交叉融合　　　270

"两张皮"的问题及思索　　　273

新的征程与展望　　　276

参考文献　　　280

第一章

海洋科学与
海洋技术的协同关系

　　提起海洋，你会首先想到什么呢？或许是一望无际的沙滩，多少人在那里享受着冲浪的刺激和海豚的陪伴；或许是小丑鱼尼莫（Nemo），使人进一步想到大洋深处还有多少奥秘没被发现；或许是北极浮冰上无助的小熊，它在感受全球气候的逐渐变暖；或许是鱼、虾等海鲜美味——的确海洋已经成为人类优质蛋白质的重要来源；或许是史上最强的台风"桑美"，它巨大的威力和捉摸不定的路径，我们如何在自然灾害面前趋利避

险；或许是南海上千口的石油钻井、东海钓鱼岛，我中华民族如何开发利用海洋以及维护国家的主权。

平静的海面下，蕴含着巨大的能量，漆黑的深渊处，孕育着无尽的宝藏。不管你是在海边，还是内陆，不管你喜欢，还是畏惧，作为地球上"最后开辟的疆域"，海洋都离我们越来越近，有关海洋的热点事件频繁出现。面对全新的政治经济形势，国家作出了"建设海洋强国"和"共建21世纪海上丝绸之路"的战略部署，五千年的文明古国，猛然发现必须勇敢地拥抱大海。

"关心海洋、认识海洋、经略海洋"，需要海洋科学与技术的强有力支撑。海洋科学是研究海洋的自然现象、性质与其变化规律，以及和开发与利用海洋有关的知识体系。它的研究对象，既有占地球表面近71%的海洋、海洋中的水以及溶解或悬浮于海水中的物质、生存于海洋中的生物，也有海洋底边界、海洋沉积和海底岩石圈，以及海洋的侧边界：河口、海岸带，还有海洋的上边界：海面上的大气边界层等。它的研究内容，既有海水的运动规律、海洋中的物理、化学、生物、地质过程及其相互作用的基础理论，也包括面向海洋资源开发利用以及海上军事活动等的应用基础研究。这些研究与物理学、化学、生物学、地质学以及大气科学、水文科学等均有密切关系。

海洋技术是指应用现代信息、电子、机械、材料、能源、结构等工程技术以及海洋科学的理论和知识，在探索认知、开发利用海洋过程中所形成并积累起来的经验、方法、技巧、工艺和能力的总称。研发的重点为海洋探测技术、海洋资源开发技术以及海洋平台装备技术，也包括海洋新材料技术、海洋服务技术等。其中海洋探测技术涉及的面最广，依托船舶、卫星、潜水器、海床、浮/潜标、漂流、无人机、无人艇等平台，采用光、声、电、磁、地震波等物理手段或者生物化学手段，实现海面、水体、海底、地层等原位测量、遥感遥测或者移动观测，是人类海洋活动的基础。

你中有我，我中有你

　　科学与技术的相互作用、螺旋式发展是人类文明发展过程中一个永恒的话题。它们的目的不一样，世界观不一样，虽然常常也会出现类似于"鸡和蛋"的争论，但总体上它们之间的关系越来越亲密，技术科学化与科学技术化是现代科学技术的鲜明特征。技术的发展得益于科学的突破和指导，科学的深化则需要各种技术的支持和保障。它们相互作用，却并不都依循必然的路径，很多时候是以变异的或者说出人意料的方式存在。海洋科学与技术也不例外。

　　科学对于技术的指导作用是比较明显的，技术的形成和发展依赖于科学的原理和方法。海洋本质上是一个包含种类难以计数的物质的巨大水体，各种物理、化学、生物机制与水体的相互作用成为海洋技术的基础。例如，作为海洋观测重要工具的声呐，利用了各种声波在水体中传播的物理特性。由于物理学中的多普勒效应，水中悬浮物体散射声波的频率随着携带悬浮物的水流速度变化，声学多普勒流速剖面仪（acoustic Doppler current profiler, ADCP）应运而生，用于测量水体中流速的分层结构；因为流速是海洋动力现象的重要表征，ADCP成了海洋动力观测最为流行的手段之一。

　　关于科学主导技术的理念是如此根深蒂固，近代有些学者认为科学与技术之间的关系是单向的（从科学到技术），分等级的（科学在最基础、最重要的层级）。还有学者认为技术只是一种应用科学，是科学的应用。对于科学与技术发展历史的深入研究表明，这些观点是有失偏颇的。在这种观点下，科学的作用被过分强调，若干其他影响技术发明的因素被忽视；即使是技术应用科学知识的情形，应用的过程，即从科学原理到实物的过程，常常不是轻而易举的。

事实上，蒸汽机的发明等人类历史表明科学和技术之间存在非常复杂的关系，技术可以从科学而来，也可以在没有科学的情况下得到发展，同时可以服务于科学。技术对科学最重要的影响之一在于测量，技术设备为科学家观测世界提供了"耳"和"眼"。例如，ADCP的应用导致了一系列海洋科学的新发现。然而，技术对于科学的作用并不只限于作为仪器，技术本身可以为科学研究引出新的概念和问题。

因此，或许更为合理的说法，是科学与技术之间是一种双向、对称的关系。一方面，技术本身可以作出渐进性的改进，而显著的改进需要科学的提升；另一方面，技术的成功和困难为科学研究提供了可持续的新的机会和问题。正如著名海洋地质学家汪品先先生所论述："海洋科学和海洋技术的发展是一个相辅相成、交叉融合的进程。成功的技术创新，背后都有科学家的思想；成功的科学创新，也往往有新技术的支撑。技术上小小的设备改装，有时就能够开创科学研究的新方向；而科学上虚拟的幻想，有时也可能激起技术突破的新潮。"

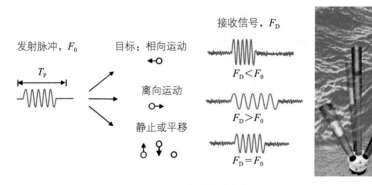

图1-1 多普勒效应与ADCP

海洋科学涉及自然科学技术的各个学科，为学科交叉研究提供了理想的领域。它本质上是一门高度依赖测量的观测科学，观测技术已经成为海洋科学研究的有机组成部分，对于科学问题的深入研究需要观测技术的支撑。剖析海洋现象，探求海洋奥秘，发现科学规律，推动海洋科学进步，也已成为海洋观测技术发展的强大动力。

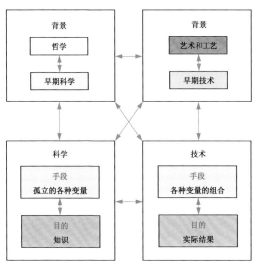

图1-2 科学与技术的关系

深海热液口生物获取与人类对生命的探索

地球和海洋的演化过程无疑是世界上最伟大的故事之一，地球是演出的大舞台，生命的所有形式都是舞台上的角色。地球经历了大约45亿年的演变历史，从45亿年前到大约5.5亿年前，这段时间没有留下生物演化的化石足迹。寒武纪（大约5.5亿年前）被认为是以奇特的海洋生物多样性为标志的空前生物演化的开始。随着海洋的形成，海洋生物迅猛发展，出现并形成了地球上所有生物的形态雏形，被称之为寒武纪生物大爆炸。这段历史被丰富的化石描写记录下来，甲壳类、

贝类、海胆、珊瑚、蠕虫以及其他生物的祖先先后诞生。造成地球寒武纪生物大爆发的原因是什么？这是科学家探索的一个重要课题。

20世纪70年代，随着深海机器人和载人潜水器的开发，人类开始了对神秘的海底生命世界的探索与研究，并惊奇地发现在海底各种极端环境下生物以其特有的生命存在形式生息繁衍。1977年，美国载人深潜器"阿尔文"号在太平洋加拉帕戈斯群岛附近2 500米深处中央海脊热液口周围环境发现了大量的硫化细菌、蠕虫、贝类和甲壳类动物一起共生构成的一个特殊的生物群落，被称为深海热液口生物圈。在这高压、高温、富集化学毒素、重金属等地球上极为罕见的环境下形成的丰富生物群落，轰动了世界。这个生物圈中的能量转换方式、丰富的生物基因资源、极端环境下特殊的生命形式等引起了世界性的广泛关注。此外，由于海底热液口与地球早期环境极为相似，而且地球上最早的食物链被认为是以化能合成为基础的，因此科学家们推测地球上最早的生命可能就发生和起源于与深海热液口相似的环境。自从深海热液口生物圈被发现以来，热液口生物被认为是探索生命的起源、研究地球环境演变与生物进化相互关系的重要材料。

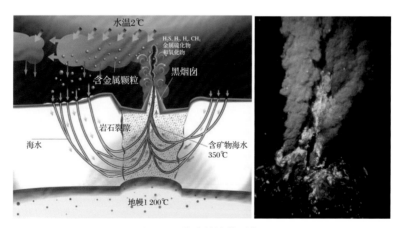

图1-3　海底热液的形成

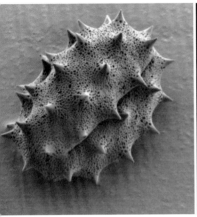 

图1-4　海底热液蠕虫（电子扫描显微镜图像）和热液口附近生存的虾类

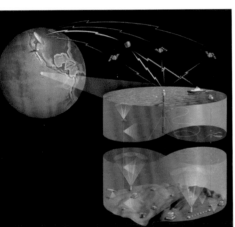 

图1-5　深海观测系统

　　海底热液口的生物圈主要由硫化氢还原菌和各类古菌等微生物、共生型管状蠕虫、双壳类软体动物、虾蟹类的甲壳动物为主组成。为了探索生命的起源和进化、研究极端环境适应的分子机制并且开发深海热液口的特殊生物基因资源，国际上对深海热液口微生物开展了嗜压（耐压）、嗜热（耐热）以及与金属成矿相互作用的研究，并深入研究了管状蠕虫的消化系统的退化及营养共生的分子机制。然而，甲壳动物作为这个特殊的生态圈中高等生物是以什么样的特殊生命形式适应深海热液口环境，在学术界是一个有待填补的空白！

　　甲壳类在海底热液口附近出现的原因在于其适应极端环境的超强能力。最近在地球上一个又一个极端环境中都有甲壳类的发现。例如，生活在黑暗、高压的深海虾蟹类，高盐度的海区和盐湖中分布的卤虫，寒冷的南极海中的南极磷虾和多种新发现的甲壳类，分布在潮间带能够忍受干旱的藤壶和陆地上的西瓜虫等。在目前发现的所有深海热液口周围都有甲壳类的存在，而且以极大的密度栖息在这个地球上最为苛刻的生态环境中。然而，海底热液口附近的甲壳类来自哪里？为什么选择热液口？以什么样的生命形式和分子机制适应海底热液口环境？回答这些问题对于研究和理解生命起源与进化、研究地球环境演变与生物演化有着十分重要的意义。目前，由于已获得的生物信息量极为有限，而且海底热液口环境的甲壳类研究材料获取和实验室培养极为困难，因此世界上对热液口甲壳类的生命形式和分子机理的系统研究有待进一步突破，这也给相关技术的发展带来了挑战和机会。

MBARI的科学推动与工程牵引

　　美国蒙特雷湾海洋研究所（Monterey Bay Aquarium Research Institute，MBARI）是近年来快速发展起来的一所研究机构，因其作为海底观测网技术的发源地之一而备受国内外海洋界的关注。MBARI的发展常用"science push"（科学推动）和"engineering pull"（工程牵引）来描述海洋科学和工程互动发展的关系，"science push"指科学家在研究中需要新的仪器或方法，向工程师阐释，请工程师研制；"engineering pull"指工程师认为某种新的仪器或方法对某项科学研究有用，与科学家商讨改进，并鼓励和帮助科学家使用。MBARI 的自主式潜水器（autonomous underwater vehicle，AUV）研制就是在"science push"和"engineering pull"的良性互动下进行的。

首先来看海底勘测AUV。精细的海底地质研究，呼求大深度、高精度的AUV。MBARI的工程师们面对这个"science push"，研制出一艘海底勘测AUV，航行深度可达6 000米，配有多波束声呐、侧扫声呐以及海底地层剖面声呐，并且配有高精度的导航装置。这艘AUV用于海底地形测绘时，垂直测绘精度为0.1米，当AUV贴着海底50米航行测绘时，水平分辨率为1米。MBARI以及其他研究机构的海洋地质学家利用这艘高精度AUV探测到很多世界领先的海底科学发现。例如，2011年位于美国俄勒冈（Oregon）州海岸以西270千米的Axial Seamount海底火山岩浆喷发，海洋地质学家通过火山岩浆喷发之前与之后由这艘AUV测绘的高精度海底地形图的差异，得以非常清晰地展示岩浆流带来的海底地形的变化，并相当准确地估算出岩浆的喷发量。

再来看看水体测量AUV。MBARI的海洋生物学家为了综合研究海洋物理和生物过程，要求AUV不仅测量海水的盐度、温度、深度（conductance，temperature，depth，CTD），以及溶解氧浓度、硝酸根离子浓度、浮游植物荧光等信号，而且还可以采回水样在岸上实验室进行生物分析，对深度和导航精度的要求不如用于海底勘测的AUV的高，也不需要复杂的声呐系统，只配备测量海水流速以及AUV相对海底速度的多普勒声呐即可。MBARI的工程师们面对这个"science push"，装配出一艘水体测量AUV，深度1 000米（多数航行任务在300米以内），深度和导航精度的降低以及声呐配备的简化，使这艘AUV的造价比海底勘测AUV大为降低。这艘AUV与众不同之处在于：MBARI的工程师们自己设计并在AUV上装配了10个快速水样采集器，每个水样采集器被触发后，在2秒之内采入2升水样。在这艘AUV的初步应用中，海洋生物学家根据对生物信号事先的粗略估计，在预设的地理位置（包括深度）或用预设的信号阈值触发水样采集器，由于生物信号的时空多变性，采回的水样的生物信号强度不理想。针对这个问题，MBARI的信号处理研究人员设计出一种AUV自主峰值捕捉方法，确保在信号最强的地方触发水样采集器，并将这一新方法作为"engineering pull"推动海洋生物学的研究。几年来，在研究浮游植物薄层、悬浮沉积物层的数十次AUV航次里，采回的水样的生物信号之强，正是海洋生物学家长期企求的。

最后看看远程AUV。以上AUV的航速约1.5米/秒，续航时间约20小时，航程约100千米，尚不能满足某些远程、长持续期的海洋过程观测需求，MBARI的工程师们面对这个"science push"，研制出既有螺旋桨也有浮力控制装置的远程AUV，有3个速度模式：0.5米/秒、1米/秒、零浮力漂游。通过精密的流体动力学和推进系统设计以及选用低功耗电子器件等措施，使这艘AUV的续航时间可达几个月，航程可达数千千米。

图1-6　工作中的AUV

水下传感器网络技术推动海洋科学从"考察"到"观测"再到"监测"转变

　　19世纪以前，人类对海洋的认识主要通过航海从船上获取，这注定了我们对海洋过程的观测只能是零星的、短时的、表面的，这种"蜻蜓点水"式的考察使得人类对海洋既充满错觉又陌生，因此，将海洋称之为神秘的海洋。进入20世纪中叶，随着遥测遥感对地观测系统的建立，海洋观测技术有了革命性进展，开创了"数字海洋"的新阶段，大大推动了海洋科学从"考察"向"观测"的转变。然而由于电磁波在水体的快速衰减，在水下缺乏深入穿透的能力，所以遥感技术主要应用于地面与海面的观测。

　　海洋环境观测，本身就来自海洋系统科学的需求。20世纪80年代末期开始的全球变化研究，强烈地显示出海洋对全球气候环境的重要性和长期连续观测的必要性，于是对海洋的全方位（水面、水体、海底）观测成为迫切需要解决的问题。最著名的当属Argo（Array for Real-time Geostrophic Oceanography）计划，它是一个以剖面浮标为手段的海洋观测业务系统，所取得的数据供全世界各国使用。

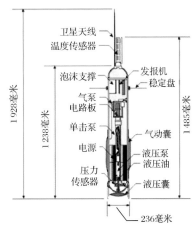

图1-7　漂浮在海面的Argo浮标及其剖面图

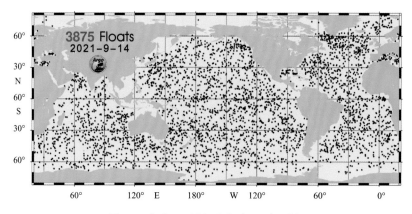

图1-8　全球Argo浮标分布（2021年9月）

　　伴随着海洋声学的发展，近年来利用声学探测海洋动力环境有了很大的进展。2001—2004年，美国海军研究署在前期"自主式海洋采样网络"（AOSN）项目研究基础上，针对声场起伏问题组织了"捕捉不确实性"的研究，2005—2007年进一步升级为"持久沿海水下监视网络"（PlusNet）项目，并首次明确以声场-动力环境同步耦合观测为重要研究内容。通过上述项目的实施，哈佛大学、麻省理工学院、加州理工学院、美国海军研究实验室等单位研制了海洋动力模型与声学传播模型的耦合数值同化模式，并成功地进行了区域海洋环境及声传播损失预报，构建了以自主式潜水器、水下滑翔机为主的自适应快速环境测量系统。

　　水下传感器网络是一项技术密集、多学科交叉渗透的课题，涉及海洋学、物理、声学、化学、光学、电子、通信、自动化、控制、机械、信号处理、统计学、数学等众多学科。在海洋科学问题的驱动下，通过学科交叉与技术融合，大量关键技术得到有效突破，同时，技术上的突破又为海洋科学问题的研究提供了新方法、新技术。例如，应用于水下传感的物理、声学、光学、生物、化学及地质等传感器技术得到迅猛发展，用于水下固定点长期连续观测的锚碇浮标/潜标、着底器系统日趋完善，用于水下动态观测的移动平台技术逐渐成熟，用于水下多传感组网及数据传输的水声通信网和水面射频通信网系统研究日益被重视，移动节点技术为海洋声学层析方法注入了活力，声学－动力耦合同化技术推动了物理海洋及声学之间的耦合建模并促进了同化技术的发展，为海洋环境科学预报提供了多维信息。

海-气界面：待突破的屏障

自工业革命以来，人类活动使得大气CO_2浓度持续增加，同一时期全球平均气温已增加约$0.6℃±0.2℃$，专家预测未来百年全球平均温度还将上升$1～3.5℃$，这主要是由于大气中人为温室气体（如CO_2、CH_4、N_2O、HFCs、CFCs等）浓度增加所致，其中CO_2的作用居首位。可见人类活动对全球生态系统的改变已严重破坏全球各碳库之间所维系的平衡。气候变化逐渐引起了各国科学家、政府部门和国家决策者的高度重视。20世纪90年代末，国际地圈-生物圈计划（IGBP）中的全球海洋通量研究（JGOFS）、海岸带海陆相互作用（LOICZ）、全球海洋真光层研究（GOEZS）、全球海洋环流实验（WOCE）等大型国际合作研究计划在全球范围内开始展开，其中碳循环的生物地球化学研究是主要方向之一。因此，为了准确评价和预测全球气候变化及由此引起的后续响应，了解并正确认识碳循环过程及其动态变化规律显得尤为重要。

海洋在全球碳循环中扮演着至关重要的角色，是全球碳循环中的一个重要子系统。海洋约占地球总面积的71%，是地球上最大的碳库，其碳储量是大气的60倍、陆地生物土壤层的20倍。自工业革命以来，大气中有近乎一半的碳被海洋所吸收。海洋碳循环是碳在海洋

中吸收、输送、释放的过程。碳循环研究的一个主要目的就是要回答碳是如何在大气圈、水圈和陆地生物圈之间储存和分配的，而海洋与大气之间的CO_2交换是其中的一个重要方面。

海洋碳循环以大气CO_2进入海洋储库为起点，可形象地理解为有某种抽气泵在工作，可分为"物理泵"和"生物泵"。"物理泵"也称"溶解度泵"，指表层CO_2通过溶解和海水碳酸盐体系的缓冲作用进入到海洋中，继而通过海洋温盐环流或海水扩散等物理过程完成碳从表层至深层的输送。"生物泵"则主要由海洋真光层的浮游生物所驱动。浮游植物通过光合作用吸收CO_2，将其转化为颗粒有机碳、溶解有机碳等，随后通过食物链（网）转移至浮游动物，最后浮游动物产生的粪便颗粒、浮游植物死亡后的残骸等通过颗粒沉降和溶解有机碳的向下扩散将碳输送至深海或埋藏于沉积物中。

对于调节大气CO_2浓度来说，"生物泵"发挥着至关重要的作用。我国科学家在该领域开展了卓具创新的研究。海洋表层生命系统产生的颗粒有机物未被氧化分解的部分沉降至深海中，在几百年甚至千年内它们将不再进入碳循环。"生物泵"的净效应就是将海洋表层的碳转移至深层，海洋表层水中碳含量的减少，使得它从大气中获取更多的CO_2以恢复表层碳平衡。可见准确定量海气通量的大小仍是碳循环研究的热点问题，需要加强基础参数测量，并通过多方法的相互校准，准确确定海气交换系数与通量以及碳的垂直转移效率与通量。这些都需要观测技术的完善和创新。

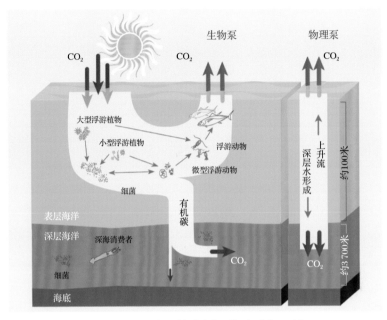

图1-9 海洋碳循环的"生物泵"和"物理泵"

其实海气界面由于水体与大气的物理特性迥异而构成了一道天然屏障，是海洋科学和海洋技术都希望突破的。大气的预报模式和海洋的预报模式，各自都已经取得长足的发展，为了获得更好的预报效果，风浪流耦合技术同时成为二者关注的焦点，为此需要围绕台风、季风、厄尔尼诺等与上层海洋之间的相互作用，发展海-气多尺度相互作用理论，加强对海-气相互作用过程的科学认知。

海洋探测技术面临类似的问题，例如星载、机载遥感技术只能覆盖海水表层，无法穿透到海水深处，结合海洋动力模式的海洋遥感数据时空扩展技术是目前遥感技术研究的热点之一。声波的命运则恰恰相反，它在空气中的传播距离有限，而在水体中则可以长距离传播，且海-气界面把二者隔离开来。然而声波技术的实施需要在水中布设物理的发射/接收换能器阵，无论是锚系还是船载，其活动范围和灵活性都受到限制，难以完成大范围、快速、机动的动态环境测量。

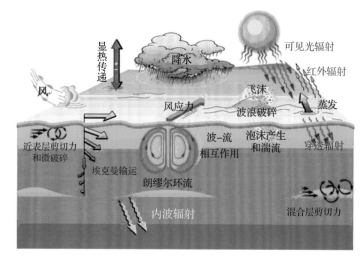

图1-10　海-气界面

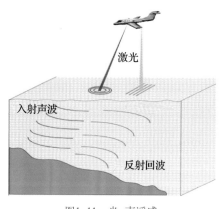

图1-11　光-声遥感

近年来，欧美及我国的一些研究机构都在开展一种新型声呐技术研究，通过空中平台发射激光到海面，在海水表层产生声源，声在水体中传播获取环境和目标信息，返回水面后这些信息被干涉激光拾振系统获取，称为激光声呐。这种声呐实际上没有用到任何声学元件，以海-气界面为自然界面进行光声信息转换，将声呐的分辨率、距离优势与机载平台的速度和灵活性结合起来，如能获得突破，将成为"革命性"的空-海探测技术。它既可以用来测量海底地形或者对水下目标实施观测和定位，亦可用来实现机载平台与水下平台无接触式的信息传输，因此在水下环境测量、目标定位、通信以及水下导航等方面有着很好的应用潜力。

巴斯德象限

　　科学与技术之间的关系不仅仅是参与其中的科研人员关心的问题，制定科技政策的政府官员也同样十分关注，对这一问题的认知一定程度上决定了政府资助科技活动的模式，也决定了学术界与政府之间以一种什么样的关系存在。这一关系的走向，对于海洋这一类型的科研开发工作至关重要。

　　通过两次世界大战取得全球主导权的美国深深体会到科技优势的作用，战后为了保持对科研的投资，提出了一些系统的基础科学及其与技术创新之关系的观点，作为政府科学政策的基础。例如，基础研究的实施不考虑实际结果，它一旦受命于不成熟的实际应用目标，就会断送创造力；基础研究是技术进步的先驱，使基础研究远离应用的考虑是合适的，因为应用研究与开发能把基础科学的发现转化为技术创新，即遵循基础研究—应用研究—技术开发—商业应用的线性模式。这些观点与西方科学传统和科学哲学有着强烈的共鸣，同时基于这一观点政府大量投入支持基础研究，使得科学家可以自由地探索，对于科学的发展有着积极的作用。然而这种观点所表述的"认识目标与应用目标在本质上相矛盾、两种研究必然分离"的思想，被逐渐发现与越来越多的科学事实不符。

　　尤其是"冷战"结束后，越来越多的基础研究贴近应用，越来越多的应用引起了基础研究。日本在基础科学方面相对落后，但在生产技术上却取得巨大成功。这一实例表明，科学与技术之间的关系远比单一线性模式要复杂，线性模式过分强调了科学研究在技术开发过程中的作用，而忽略了相反方向的技术对科学研究的影响。

在这种背景下，美国普林斯顿大学著名学者斯托克斯（D. E. Stokes）在《基础科学与技术创新：巴斯德象限》一书中从历史、现实和理论的观点重新回顾了科学与技术的关系，强调了由应用引起的基础研究的重要意义，提出了著名的四象限理论。如果用平面直角坐标系的两坐标轴分别表示研究的动机（好奇心驱动还是应用驱动）和知识的性质（是否具有基础性和原理性），那么就会在最常见的研究类型或象限——玻尔象限（第一象限，代表好奇心驱动纯基础研究）和爱迪生象限（第三象限，代表为了实践目的应用研究）之外出现一种新的类型——巴斯德象限（第二象限，代表由解决应用问题产生的基础研究）。

第一象限玻尔象限的特点是只受认知需求引导，不受实际应用引导，正如丹麦物理学家玻尔对于原子结构模型的探求，是一种纯粹的

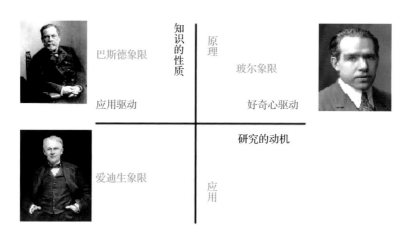

图1-12　科学–技术关联的四象限模式

18

自由研究，尽管他的许多思想后来重塑了世界。第三象限爱迪生象限的特点是只受应用目的引导，不寻求对于某一科学领域现象的全面认识，就如美国发明家爱迪生的团队聚焦于从事具有商业性利润的电照明研究，而不去追求他们所发现的现象的更深层次的科学意义。第四象限包含既不是由应用目标驱动，也不追求基础原理的研究，如系统地对某些特殊现象进行探索的工作，至今还没有合适的名称命名，它可能是玻尔象限研究的重要先驱，如英国生物学家达尔文的《物种起源》，也可能是爱迪生象限研究的重要先驱。

第二象限巴斯德象限起名于法国微生物学家巴斯德，像牛顿开辟出经典力学一样，巴斯德开辟了微生物领域，创立了一整套独特的微生物学基本研究方法，开始用"实践—理论—实践"的方法开展研究。他首先从酒石酸和亚酒石酸对光有不同的作用这一科学问题出发，发现了亚酒石酸是由两种相反结构的晶体组成，两者混合后对光的作用相互抵消。当工业界找到他，要他解决甜菜酿酒遇到的困难时，他发现了发酵与微观组织有关，为客户提供了一种控制发酵的有效方法，这项工作同时成为"典型的应用研究"和"杰出的基础研究"。他后来还成功地研制出鸡霍乱疫苗、狂犬病疫苗等多种疫苗，其理论和免疫法引起了医学实践的重大变革。巴斯德被称颂为"进入科学王国的最完美无缺的人"。他不仅是个理论上的天才，还是个善于解决实际问题的人。

因此巴斯德象限指的是既寻求扩展认识的边界，又受到应用目的影响的基础研究。这一类别完全跳出了传统意义上的框架，属于这一类别的除了巴斯德同时投入的微生物认识和应用研究，还包括与弗洛伊德所创的精神分析法和爱因斯坦发现的相对论一起并称为20世纪人类知识界三大革命的英国经济学家凯恩斯的宏观经济学，影响人类历史进程的美国原子弹研制曼哈顿工程中的基础研究，也包括科技规划中经常存在的"战略研究"。

在科学研究的象限模型中，每一个象限不是相互隔绝的，而是存在着复杂的双向联系。因此，技术创新模型也需要更新，科学和技术的联系是在沿着各自的轨道前进中发生多种联系的。根据科学研究的象限模型，必然引申出新的科学政策导向：重视巴斯德象限，即对应用背景引发的基础研究从政策上、项目组织和社会评价上予以重视，建立科学和政府之间新的协约关系。

如"你中有我，我中有你"一节所述，海洋科学本质上是一门观测科学，科学与技术之间的相互作用关系，在海洋领域表现得尤为突出。近几十年来，物理学家、化学家、地质学家、生物学家及其他领域的科学家和工程师，逐渐形成一个不断发展壮大的多学科的科学家共同体，这个共同体的形成不是由于海洋基础科学研究的驱动，而是源于探索、解决全球性或者区域性环境问题的应用需要，如全球气候变化问题，生命起源与生物多样性问题等。像前面提到的碳循环研究，因为应用需求的推动，产生了"物理泵"和"生物泵"这样的基础理论。对这些在人类出现之前几十亿年里就存在的循环的理解，为认识后来出现的人类对所有生命形式的生物化学基础过程的影响，提供了背景知识。这种影响最近几个世纪以来迅速扩大，它导致了诸如酸雨、全球气候变暖这些完全不同的结果。目前的研究，在阐明大气和海洋之间的交换方面，在阐明无机界和不同于热带雨林、海藻的生物形式间的相互联系等基本过程的本质方面，都取得了成功。

这些成功，也会导致政府组织科技活动的形式和机制发生变化，是把研究机会在众多学术机构之间均摊，还是将许多与海洋环境研究相关的科学领域和工程领域的研究力量进一步联合起来，都是值得思考的问题。

海陆空天总动员

　　观测技术是海洋科学研究的基础手段。随着高科技的发展，新型的观测系统不断涌现。若把地面与海面（包括船载）看作地球科学的第一个观测平台，把空中的遥测遥感看作第二个观测平台，把海底观测看作观测地球的第三个观测平台，则近年来出现的各种形式的移动平台观测可以说是第四个观测平台，通过现代通信技术把4个平台串起来，形成海陆空天一体化的立体监测网络。立体监测网络的建立必将极大地促进海洋科学的发展。

　　尤其应对全球性的科学问题，要求观测系统具有足够的空间、时间、频率的覆盖和分辨能力。覆盖范围和分辨能力常常是一对互相对立的指标，例如从空间的维度来看，覆盖范围大的观测技术往往分辨能力有限，分辨力高的观测技术往往覆盖范围小。面对茫茫大海，可能会觉得海洋的观测是一件无法完成的任务。幸好，我们要观测的对象存在一定的"稀疏性"，有的在空间上的变化并不那么大，有的在时间上近似为恒量，对它们的采样并不一定要求密密麻麻的观测点，够用就可以。问题是，我们如何事先得知观测对象的空时频特征，我们的观测手段能否适应不同特征的观测对象？现代信息理论可以为回答这些问题提供一些系统的思路。

　　最为人熟知的信息科学方法或许是所谓的反馈设计。反馈的基本概念指将系统的输出返回到输入端并以某种方式改变输入，进而

影响系统功能的过程。虽然它源自控制科学，却已应用于现代科学技术的几乎每一个分支，存在于人类生活的几乎每一个方面。例如，几乎每个家庭都在使用的空调机，就是通过反馈机制实现恒温控制，在冷气模式，当测量温度高于设定温度，则加强制冷；反过来，当测量温度低于设定温度，则减少制冷，称之为负反馈。当喇叭靠近传声器的时候产生尖锐的刺响，则是典型的正反馈。人类思维、社交过程、现代管理、政府理政等，都在使用反馈。令人吃惊的是在以往的海洋观测系统中反馈的使用却并不普遍，尤其具有时效性的反馈才刚刚出现。

传统的海洋观测中往往采用固定的观测模式。科考船沿着事先设定的航线采集数据，航线的调整常常滞后于所观测现象的变化，且需要科学家智慧的干预；卫星沿着事先设定的轨道运行，调整卫星集中于某一区域是十分费时的。最为典型的是各类浮标、潜标，通常的方式是布放到设定的海域后，几个月以后再去取回数据，即便有些平台定时发回数据，其观测模式也是固定不变的。回到前面提到的覆盖范围与分辨力问题，这样做的后果是，即使观测区域没有变化，仍然以很高的速率在收集数据；而当难得一见的现象出现时，采集的数据又不够。

建设真正意义上的立体监测网，将使得反馈的作用得以充分发挥。我们已经具备了这样一种能力，即基于已有的观测数据，提供通信

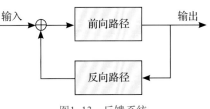

图1-13　反馈系统

链路的反馈，调整潜标上传感器的工作模式，使得其更好地匹配、跟踪所观测的对象。通过海底观测网的反馈，我们甚至可以对众多需要标定而传统上通过实验室标定的传感器进行现场、自动的标定。随着第四观测平台的广泛使用，各种移动节点定期发回数据、接收指令，

自适应地规划路径，去聚焦于我们感兴趣的海洋现象。我们的科学家将获得前所未有的数据，来解决长期困扰人类的科学问题。而反馈的设计依赖于科学家的智慧，这些智慧可以体现在岸基的处理中心中，也可以在现场观测系统中实现。海洋科学与技术在一个全新的高度上再一次交叉融合发展。

不妨设想一下，20年后，数以万计的很多是廉价的观测节点运行于海面、水体、海底、岸上、空中、天基平台，它们或许每天通信几次，或许几天通信一次，或许传回数据，或许传回经过智能处理的信息，形成覆盖全球海洋的数据流、信息流，聚焦于当时当刻的台风、海啸、赤潮、内波，或者历时数年、数百年的碳循环、厄尔尼诺、拉尼娜，海洋科学将迎来属于她自己的大数据时代，人类也将真正进入海洋世纪。

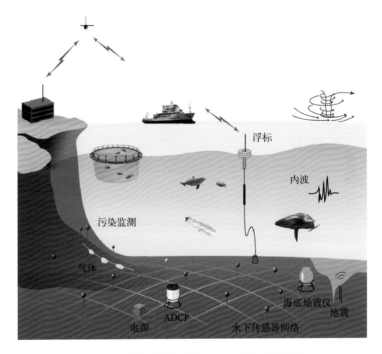

图1-14　海陆空天总动员——一体化监测网络

第二章

水下"顺风耳"
——海洋声呐

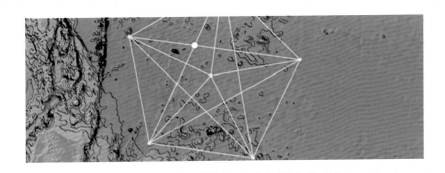

什么是海洋声呐

　　浩瀚的大海多年来对于人类一直是一个谜，600多年前科学家们还在争论地球是圆的还是方的，欧洲的海员们在谈论海的另一边是天堂还是深渊。1519—1522年，葡萄牙探险家麦哲伦（F. Magellan）率船队完成了人类历史上第一次环球航行，终以无可辩驳的事实向世界证明了地球是圆的。然而人类对神秘海洋的了解一直进展缓慢，19世纪初到20世纪中叶，机器大工业的发展有力地促进了海洋学的建立和发展。20世纪初随着声呐的发明和技术进步以及在海洋调查中的广泛应用，有力促进了海洋科学各分支的快速发展，经过一个世纪的努力，人类对神秘海洋的了解已取得了很大的进步。

为什么用声波作为水下信息传播的载体

　　由于水和空气在密度、电导率、介电常数等物理特性方面存在较大差异，水对光波和电磁波的吸收作用很强，因此光波和电磁波在水中会很快衰减，而声波在水中的衰减不到电磁波的千分之一，所以声波是已知的唯一能够在水中进行远距离信息传播的有效载体。

　　声传播的上述特性使广阔的海洋是"声透明"的，它取代陆上的光和电磁波，在水下具有独一无二的地位，是水下信息感知、辨识和传输的主要手段。水声技术以声波作为信息载体，实现水下探测、定位、导航、识别、通信、控制以及环境测量，水声工程也成为集物理学、电子技术、信息技术、计算机技术、传感器技术、海洋科学等学科为一体的综合性交叉学科，在国防建设和国民经济建设中得到广泛应用。

海洋中怎么产生声波，怎么接收声波

我们知道空气中声音可通过喇叭播放，通过传声器接收，海洋中产生和接收声波的装置通常称之为声呐。声呐系统一般由基阵、电子系统和相关辅助设备组成。基阵由水声换能器以一定几何形状排列组合而成，水声换能器可进行电声转换，通常把电能转换为水中声能的称为水声发射换能器，把水中声能转换为电能的称为水声接收换能器，或水听器。基阵外形通常为球形、柱形、平板型或者线列型，有接收基阵、发射基阵和收发合置基阵之分。电子系统一般有发射、接收、采集、信号处理、显示、控制等分系统。辅助设备包括电源、水密电缆、水密舱、平台姿态传感器、卫星定位、声速测量仪、导流罩，以及与基阵传动控制相配套的升降、回转、俯仰、收放、拖曳、吊放、投放等装置。

声呐系统根据工作方式不同，大致上可分为两类：主动与被动。主动声呐工作原理与陆上雷达类似，会自己发出声音信号，这个信号在水体传播，接触到水中物体后信号会反射，声呐再接收反射的回波信号，通过信号处理方法提取回波信号信息，如水中物体的方位、距离、速度等信息。被动声呐的作用与我们的耳朵极为相近，不发出任何声音信号，只接收来自水中的各类声音信号，通过分析这些信号来获取发声物体的信息。

我们用海洋声呐做什么

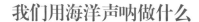
海洋声呐经过百年的发展，研究者已开发出门类较为齐全的系列化产品，按照不同功能分类，主要有探测、通信、测绘、导航/定位、水文测量等声呐系统。探测声呐又可根据应用背景，细分为目标定位声呐、避碰声呐、成像声呐等不同种类，我们可以通过装在船上的避碰声呐知道前方是否有障碍物以及障碍物的距离；通过目标定位声呐估计远处水面舰船、水下潜艇甚至水底的水雷等目标物的方位、距离等信息，可以跟踪鲨鱼、海豚等水下哺乳动物；通过成像声呐定位鱼群、水下蛙人等。有了通信声呐，我们可实现水下航行器与水面母船的对话，水面人员可观看水下美景，相距数十千米的两艘潜艇可讲悄悄话。测绘声呐可"拍摄"江河湖底和海底地形，可海底探宝定位古代沉船，也可用于海上失事飞机的搜救等。由于电磁波的快速衰减，水下无法利用全球定位系统（GPS）进行定位，导航/定位声呐可让拥有该装置的水下系统知道自己从哪里来，现在在哪里，并可在其辅助下规划如何到达目的地，还可以告诉外界自己所处的位置。水文测量声呐系统最具有代表性的是声学多普勒流速剖面仪，通过不同时刻回波信号的频率变化，可以知道垂直断面或横断面上的流速分布。另外，通过多部声呐组网可实现水体声层析（一种类似医学中利用超声波进行人体内部结构扫描并通过计算机成像的技术，常称之为CT），以估计大范围的海洋温度场信息。海洋温度的变化对全球气候、生物迁徙、混合/对流等海洋动力过程、探测声呐的性能等具有重要影响。

声呐发展简史

　　公元前384年至公元前322年，亚里士多德第一个注意到在水中也可以听到声音，就像在空气中一样，此事件可认为是被记载的最早与水声有关的发现。此后人类开启了对水声的漫长探索，1826年在瑞士日内瓦湖，物理学家J. D. Colladon和数学家C. F. Sturm，首次进行声音在水中传播速度测量实验。此实验利用长管侦听，记录了水下钟的声音如何快速穿越日内瓦湖。在实验中，第一艘船同时敲响水下钟和点燃火药。16千米以外的第二艘船观察火药产生的闪光和钟的声音。闪光和声音到达第二艘船的时间差被用来计算声音在水中的传播速度。Colladon和Sturm利用这种方法相当准确地确定了声音在水中的传播速度：湖中水温为8℃，计算得到淡水声速为1 435米/秒，与现在的标准只差3米/秒。在他们发表的论文中还报道了法国物理学家F. S. Beudant于1820年在马赛附近测得的海水声速，平均值为1 500米/秒，与海水中的期望结果十分接近。

　　1906年，第一部真正意义的声呐由英国海军的L. Nixon所发明，该声呐是一种被动式的聆听装置。几乎与此同时，1907年，A. F. Fells被授予了一项关于回声装置的美国专利。由于水声装置的首个应用为回声定位和测距，这也是声呐（Sonar，sound navigation and ranging）一词的由来。

图2-1　日内瓦湖水中声音速度测量示意图

"泰坦尼克"号的启发

　　船舶交通事故的增加引起了人们对导航的关心。20世纪初，基于水声可以提供最可靠的预警这样一种信念，包括爱迪生在内的一群科学家开发了第一个实际使用的声学导航设备。1912年4月14日"泰坦尼克"号邮轮的沉没，促使科学家加紧探索新的水声装置。"泰坦尼克"号与冰山相撞的悲剧发生一周后，L. F. Richardson申请了一项发明专利：用声音和它的回声来确定物体在空气中的距离。这项技术被称之为回声测距。一个月后，他递交了一个类似的专利申请：利用相同的技术在水下测距。然而，当时仍不存在合适的声源，他没能实现专利中所提的技术。

　　5年后，法国物理学家P. Langevin，利用压电效应（1880年由

P. Jacques和P. Curie发现，于特定的频率在晶体上施加一个电压变化，晶体就会扩张和压缩，从而产生声波）研制成功压电式换能器，产生了超声波，并应用了当时刚出现的真空管放大技术，研制了一套回声测距系统，进行水中远程目标的探测。1918年，第一次收到1 500米以外的潜艇的回波，开创了近代水声学，也由此发明了声呐。

反潜利器

第一次世界大战期间潜艇和水雷的使用使得水下声学得到广泛的关注。第一次世界大战之后声学技术快速发展，第二次世界大战伊始，水声探测技术的研究工作集中在反潜战方面，原因之一在于德国的U型潜艇屡次击沉美国商船并造成重大损失，后期的研究工作致力于提高潜艇的生存能力。第二次世界大战之后，声呐成为各国海军进行水下监视使用的主要技术，用于对水下目标进行探测、分类、定位和跟踪。此外，声呐技术还广泛应用于鱼雷制导、水雷引信等。直至今日，声呐一直被作为反潜利器。

午后效应

第一次世界大战后随着声呐技术的发展，人们意识到海洋环境条件对声呐工作性能有重要影响。比较直接的因素有传播衰减、多路径效应、混响干扰、海洋噪声等。事实上，声在波导中的传播与海洋物理过程有更紧密的联系。声波传播受多种物理过程引起的海洋温度场结构扰动影响很大，使得相应声呐系统存在一个所谓的"当天的工作距离"。

1937年夏，美国Semmes号船上的官兵不知道该怎样解释和纠正

该船在古巴关塔那摩（Guantanamo）湾演习中出现的神秘的声呐问题。回波测距系统在下午性能持续恶化，有时甚至接收不到回波。伍兹霍尔海洋研究所（Woods Hole Oceanographic Institution，WHOI）为解释这个神秘的现象，C. Iselin领导的科学家们进行了研究。

为对水温进行测量，WHOI和麻省理工学院（Massachusetts Institute of Technology，MIT）的A. Spilhaus发明了新的仪器称为温深仪（Bathythermograph，BT）。它包含一个温度传感器和一个检测静水压力（近似水深）变化的单元。随着BT从船上吊放到水下，它在烟熏玻璃切片上记录了温度随压力（深度）的变化。Spilhaus认为他的BT可以广泛应用于获知关于海洋的基本原理——例如，温度和深度对海洋生物的影响以及洋流的结构，尤其是像Stream湾大洋流两边的旋涡。然而，Iselin和美国海军用BT作出了与此不同且有更大直接用途的发现。

图2-2　温深仪

BT的记录表明，随着一天时间的推移，阳光温暖了海洋几米深（5~9米）的上表面，温度可上升1~2℃，在这个表层以下，随着深度的增加水温快速变冷。科学家们已知在温暖表层的声速比在下层冷水中要大得多。因此他们意识到回波测距系统发射的声波产生了折射，从表层向深水低声速处弯曲，远离了海表层，这就造成了表层之下的声影区，位于海表正下方位置的潜艇在回声测距系统隐身了，这就是神秘的"午后效应"。在温暖的海洋上表面，声向海表面折射。

当声波向下传输进入更深的冷水区域后，声波向海底折射，产生了一个声影区，潜艇可以在这个声影区隐藏。

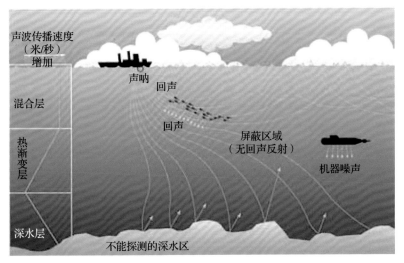

图2-3 "午后效应"图示解释

Iselin立即意识到了声影区以及BT对潜艇战的重要意义。装有BT的潜水艇可以用它测定与驱逐舰有关的影区位置，这样就几乎可以不被敌舰声呐发现，而猎潜舰则可以将BT用于相反的用途，调整其声呐方向，使之考虑到预想中的折射。

鉴于海洋条件和水下声传播之间的直接联系，很明显，科学家需要知道声速随水深的变化才能预测声呐性能。第二次世界大战期间，BT成为涉及反潜战的美国海军所有潜艇和舰船的标准设备。海军军官去WHOI学习怎样使用BT，海洋地理学家前往全国各地的海军基地培训要参战的海员，潜水艇员接受指挥，把BT的所有记录发往WHOI或加州大学在Point Loma的战争研究分校，在那里准备好声呐航线图，并发给各舰队。

超级"顺风耳"

1944年春天，海洋科学家M. Ewing与J. Worzel离开马萨诸塞州的伍兹霍尔，乘R/V"Saluda"船进行一项实验，检验Ewing多年前就提出过的理论。Ewing提出，如果声源安放正确，那么不像高频声那么容易被散射和吸收的低频声波应该能传播得更远。他们在R/V"Saluda"船吊放了一个深水接收水听器。第二条船将爆炸声源投掷到深水处，实验持续到距离R/V"Saluda"的水听器1 448千米处。科学家们意识到，海洋中存在一个信道可以使声传播很远，该信道称为SOFAR（sound fixing and ranging）信道。

根据折射定律，声波可以在跨过温跃层底和深层等温层顶交接处声速最低的区域的一条细细的通道中被有效地捕捉到。一条斜着传播过温跃层的声波在声速下降时会向下转，然后当压力增加使声速增加时上转，由于离水面距离缩短，温度变暖，使声速增加时再次向下转到声速最低的深度。进入这一SOFAR信道（也称深海声道轴）的声波可以以最小的信号损失水平传播几千海里。深海声道轴出现的深度随海洋温度而不同。例如，在极地地区，较低的海表温度使温跃层离海表更近，深海声道轴也更接近海表。第二次世界大战之后美国利用SOFAR信道的特点，建立了SOSUS监听系统，"冷战"期间在极远的距离成功地探测到嘈杂的柴电潜艇和苏联核潜艇，具有超级"顺风耳"的能力。

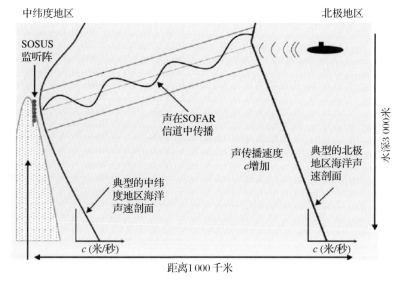

图2-4 美国SOSUS监听系统

水下高清"相机"

　　传统成像声呐的图像分辨率受阵的尺寸、信号频率、作用距离等因素制约，合成孔径处理通过声基阵的运动，形成大的虚拟孔径，利用信号相干处理合成基阵不同位置处接收到的信号（即对虚拟孔径进行合成），以提高声呐成像的横向分辨率，具有横向分辨率与工作频率和距离无关的优点，它的成像分辨率通常可比传统成像声呐提高一个量级以上。

　　合成孔径处理最早起源于20世纪50年代Wiley等人对机载侧扫雷达的研究。经过半个多世纪的发展，合成孔径雷达技术（synthetic aperture radar，SAR）已经十分成熟，基于飞机和卫星等搭载平台，在地貌成像、军事侦察与警戒等领域得到了广泛应用。与SAR

不同，合成孔径声呐（synthetic aperture sonar, SAS）的发展却相对滞后很多，主要原因是声波与电磁波的差异以及水声环境远比电磁波在大气中的环境更为复杂，难以精确实现虚拟孔径合成时的运动补偿。SAS的研究起始于20世纪60年代，1975年Cutrona证明了SAS实现的理论可能性。从60年代到80年代初期相当长的时间里，由于多数学者认为水下环境过于恶劣，SAS研究没有受到重视，因而发展相对缓慢。从80年代中后期开始，随着若干SAS实验系统研制取得成功，实现了对水底的高分辨率成像，SAS技术开始受到广泛关注。特别是到了90年代，国际上掀起了SAS研究的热潮，取得了一系列的进展，包括可进行三维成像的干涉合成孔径声呐（interferometric synthetic aperture sonar, InSAS）的成功研制。进入21世纪，以AUV为平台的合成孔径系统也日趋成熟，并在水底高清测绘、水下目标物搜索、反水雷战等领域有重要应用，成像声呐的发展显著改善了人们对海底世界的了解。

流速测量的里程碑

实验显示海水中存在大量的声散射体，包括气泡、悬浮泥沙颗粒、浮游生物、鱼虾等，它们随海水流动。当声呐发射的声波在海水中传播时，有一部分能量被这些散射体散射回来，声呐接收回波信号后，经信号处理，可测得不同时刻回波信号（即不同距离散射体散射的信号）的频率。如第一章所述，根据多普勒原理，如果声呐与散射体之间存在相对运动，回波频率与发射声波频率之间就会产生偏差，利用这个偏差可估计两者的相对速度，当测量声呐固定在海底或者安装在船上时，我们通常知道它的速度，因此可通过相对速度以及声呐的速度信息，估计水体散射体的速度，即海流的速度。

　　ADCP即为可实现上述测流功能的新型声呐。由于采用声波非接触式测流，因此没有机械惯性，不对流场产生扰动，是目前国际上测量多层海流剖面的最有效的设备。ADCP测流思想最早起源于20世纪60年代，70年代末技术研究趋于成熟，80年代后，RDI、NorTek等公司具有了成熟的ADCP商业化产品，如今ADCP已成为海洋学水文观测的标准仪器之一，在江河湖泊的水流量测量中也有广泛应用。把ADCP安装于水面船，通过信号处理估计水底声呐回波的频偏，可测量水面船相对于水底的航速，因此ADCP也可作为船舶导航设备，通常称为多普勒计程仪（Doppler velocity log，DVL）。

海洋水体CT

　　由于声传播包含了丰富的海洋温度场、流场分布信息，自20世纪70年代末开始，水体平均温度的变化可导致声传播时间的微小变化这一现象不断被试验证实。以W. Munk、C. Wunsch等为代表的物理海洋学家和水声学家提出了声学层析技术，并在多个大型试验中得到验证，利用声传播到达时间的变化估计大尺度三维海温、海流分布。之后，声遥测逐渐成为环境测量的重要手段之一。近几年在菲律宾海开展了具有代表性的声学层析试验节点布放，各节点通过收到信号的时延，并利用海洋环境模型和声场模型，估计节点之间垂直/水平断面上的平均声速，进而反演海温、海流等参量，实现覆盖范围内水体参量的网格化估计，通常称为层析。

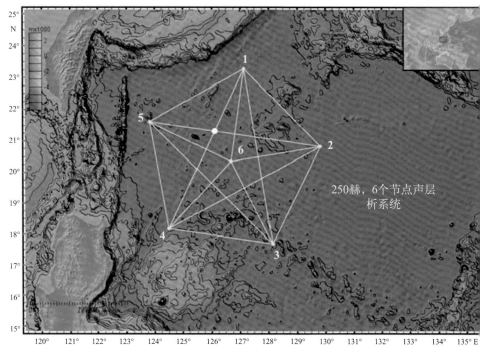

250赫，6个节点声层析系统

图2-5 2009—2011年菲律宾海海洋声学层析实验站位图

透明海洋

随着声学技术与海洋科学的发展，两者的结合愈加紧密，声学技术在海洋环境观测活动中的作用也愈加显著。自20世纪70年代以来，声遥测技术不断得到发展，通过监测声速可以获得海水温度变化规律；通过测定声能的传播衰减可以分析水流中泥沙的含量；通过声和光的组合成像，可以估计浮游生物的分布，并进行分类，为研究水体中藻类分布特性提供帮助；通过对水体温度和藻类分布的研究，结合其他监测手段，可以对"赤潮"的预报进行研究；通过地声波的监测以及声场的变异可以监视海啸等地质灾害的发生并进行预报。

从观测的方式来看，声学观测已从离散的点/线和时间片段的走航式测量，向具有一定覆盖面的长期在线观测发展；从水面船/固定平台观测向水底观测网/水体自主移动平台混合观测发展；从非实时观测向准实时/在线处理等方式发展。我国正在建设的声场-动力同步观测系统，具有固定和移动节点、声场和动力数据同步观测、观测数据通信实时传输以及海洋环境和声场同步预报等功能。该网络可视为水下传感网络的一部分。水下传感网络是新一代海洋观测系统，它与海底观测网、海面船/基站组网相连的综合观测网络是未来海洋环境观测的主要发展方向，几乎整合了百年来声呐发展的主要技术，通过局部区域的观测数据以及模式计算的融合，实现大范围海洋环境的透明化。

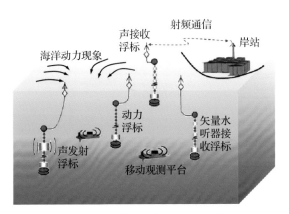

图2-6　声场-动力同步观测系统示意图

水声通信技术的
前世今生

　　人类在海平面下布置的各类声呐系统犹如人的"眼睛"与"耳朵"，通过借助这些"眼睛"与"耳朵"，对收集的信息进行解读，从而获取新的知识，类似思考的"大脑"。如何建立从"眼睛"到"大脑"的"神经"，即通信的手段呢？这个问题的解答，就需要水声技术以及信号处理技术提供方案，使得科学家感兴趣的信息得以从"眼睛"与"耳朵"传递至"大脑"。

　　水声通信是一项在水下收发信息的技术。它的工作原理可以简述如下，首先将文字、语音、图像等待传信息经过编码处理后，加载到一定的载波之上，随后由声学换能器将电信号转换为声信号并在水中进行传播；声信号通过水这一介质，传递到远方的接收水听器，同时接收水听器将接收到的声信号转换为电信号，采用计算机等对信号进行滤波、自适应均衡、纠错等处理，还原成声音、文字及图片，因此可以将"眼睛"与"耳朵"看到的及听到的信息传递至"大脑"。

水声通信发展历程

　　水声通信的历史可以追溯到20世纪中叶载人潜艇的发展和它们相

互之间交流的需要。当时，利用载波频率在2~15千赫之间的模拟调制开发了"Gertude"或称水下电话用于语音通信。这些硬件至今仍在世界范围内的军用潜艇、工业及科学潜器上使用，例如用于科学研究的"阿尔文"潜器。这些模拟系统使用简单的语音频带模拟滤波器进行调制，在接收端，信号解调、滤波，然后进行信息恢复。这样的模拟系统的可靠性，取决于传输路径。然而，水下电话仍然是人与人的通信标准，它运作良好，部分原因在于讲话人的耳朵和大脑具有检测和处理失真信号的非凡能力。

数字通信在水声中的应用可追溯到声呐在可闻频段的ping发射。在虚构的《猎杀红色十月》电影中使用一个"ping"实现潜艇与潜艇之间的数字通信是一个例子。如果只是一个bit通信，那么一个"ping"当然是足够的了。在20世纪60年代数字通信遇到了不完全确知信道信号问题。特别是，在非补偿时延扩展信道，吞吐量被限制为小于时延扩展长度的倒数。因此，在高混响的海洋声信道，数据速率是非常低的。自然地，人们会考虑如何使用海洋传播特性来提高通信吞吐量。

1971年R. Williams和H. Battestin进行了第一个利用多途补偿的实验，载波频率为300赫，在270~450千米距离范围，通信速率超过时延扩展长度的倒数。他们用海洋声信道的时间相干性进行信道估计和随后的补偿，处理是通过模拟延迟线实现的。在以后的40多年中，其他研究人员已经能够使用更复杂的信道估计和处理方法在数字计算机上进行数字实现，但原理与这一开创性的工作是相同的。

考虑到简单性和可靠性，早期的水声通信主要以带宽利用率低的非相干频移键控（frequency shift keying，FSK）调制等技术为主，通信速率在100比特/秒，被认为是"聊胜于无"。但也有一些例外，尤其是不受界面影响的信道，如深海垂直信道，水下无人航行器与母船之间的通信，相干通信也有使用。

非相干通信通常采用多进制移频键控（multiple frequency shift keying，MFSK）调制方式，接收端采用基于能量检测的非相干处理方法。为了抵抗水声多径干扰，非相干方法常与跳频技术相结合，构成跳频通信方式。跳频通信具有算法简单、处理器适中、费用低、功耗低、可在低信噪比下实现低误码率的数据传输等性能优点。即使在相干通信蓬勃发展的今天，非相干通信技术仍占据商业市场。美国Datasonics公司在20世纪80年代后期使用二进制频移键控信号与模拟电子技术实现低比特率检测，无纠错技术，典型数据率80比特/秒，后来发展到多进制移频键控系统，构成了Teledyne Benthos公司ATM系列调制解调器（Modem）。ATM850、ATM875、ATM885都是采用非相干通信方式，ATM850频率采用10千赫，带宽5千赫，最高传输速率为1 200比特/秒，最远距离10千米。

由于非相干方法在多路径信道中带宽有效性近似在0.5比特/赫，严重限制了水声通信的应用范围。20世纪90年代多路径信道相干通信得到关注和大力发展。相干通信发射端发射多进制相移键控（multiple phase shift keying，MPSK）调制信号，接收端采用二阶数字锁相环和自适应均衡器对抗多途效应，通信速率从100比特/秒提高到10千比特/秒以上。相干通信需要采用复杂的自适应均衡技术，进行相位估计和补偿、多普勒频移估计和补偿、载波信息提取等。除了高复杂性外，相干水声通信方式还存在一些缺点，例如，信道适应能力差、要求信道相干时间长和较高的接收信噪比等。随着硬件能力、信号处理方法的不断提高，调制方法和处理算法在不断更新，例如，多载波正交频分复用（orthogonal frequency division multiplexing，OFDM）方式，盲均衡技术，分集技术等。为了提高接收增益，进一步降低系统的误码率，在复杂的水声衰落信道中多输入多输出（multiple input multiple output，MIMO）、时间反转（time reversal，TR）等方法与技术也在不断发展和完善之中。

无论非相干、相干，单载波还是多载波通信方式，要获得满足水声通信工程应用需求的误码率，通常都需要采用信道纠错编码技术。在加性高斯白噪声信道中，Turbo码和低密度奇偶校验码（low density parity check code，LDPC）两种纠错编码方式几乎可以接近香农理论限。目前，水声信道下较为常用的仍然是卷积码、Turbo码。LDPC码的优点是码率可以任意设置、译码算法比较简单等，但LDPC码的应用还在探索之中。

随着水声通信技术的发展，水声通信网络近些年成为研究的前沿方向和热点，其中做得比较成功、公开文献介绍比较全面的是美国的海网（Seaweb）系列试验，代表了国际上水声通信试验网络技术的先进水平。

依据Seaweb的概念，对于军事应用，构建可布放的自主分布系统（deployable autonomous distributed system，DADS），使得水下的军事任务能以跨系统、跨平台、跨国家的协作方式进行，用于沿海广大区域的警戒、反潜战和反水雷系统，实施命令、控制、通信和导航功能。对于非军事方面的应用，建有FRONT监测网（front resolving observational network with telemetry）。

Seaweb水下网络以水声通信节点作为水下的通信工具，根据应用需求的不同，采用不同的通信方式和具有不同功能的通信节点来搭建网络。Seaweb进行了一系列的试验，目的在于推动水下通信节点和组网技术的发展，同时验证了存储转发、自动重传、简单的路由等网络的概念，也验证了军用DADS概念的可行性。Seaweb 99增加了运行在网关上的Seaweb服务器，由Seaweb服务器管理整个网络、配置Seaweb的网关和节点成员，监测和记录网络状态，实现网络配置和网络动态控制。Seaweb 2000采用混合码分多址（code division multiple access，CDMA）/时分多址（time division multiple access，TDMA）的复用方式设计与实现一个紧凑的结构化网络协议，新增加了协议的控制功能，通过使用握手方式来避免网络通信中的数据冲突。Seaweb 2003、Seaweb 2005的实验引入了2～3个移动节点，与6个固定在水下的节点协同工作，固定的水下节点为移动节点提供导航功能。

回顾整个水声技术的历史，我们可以发现，水声探测以及水声通信的许多问题至今尚未完全解决，从辩证的角度分析，水声通信技术为科学探测提供方案，同时对声传播、海洋科学等理论问题的研究也能促进水声技术的发展。可以预见，在不久的将来，需要更多的科学家、工程师贡献更多的宝贵智慧，来探索这些问题。

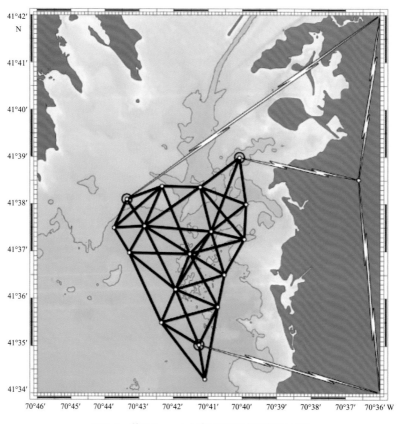

图2-7　美国Seaweb水声通信网试验布设示例

应对水声通信信道

正如著名水声专家、美国麻省理工学院教授A. B. Baggeroer所述：通过提升信号处理的性能，使得研究者可以更深入地理解海洋中的声信号传播特性，同时可以促进对水声信道模型的研究，反之亦可促进水声信号处理的研究。水声通信技术与海洋物理的理论研究正是展现了这样的辩证关系。

水声技术以及水声高速通信面临着挑战，主要原因有以下几个方面：①由于海水对高频声信号的强吸收，导致可用的通信带宽受限；②在水声信道中多数存在着扩展的多路径（如直达径、底面反射径、表面反射径以及表面底面多次反射径等）、快速的时间变化（受海水表面波的影响）和严重的衰落；③相对慢的水声传播速度意味着通信平台、介质的运动速度将引起大的多普勒频移和扩展；④常常面临复杂的噪声环境，尤其在港口和船载应用中。对通信信道有良好的理解是通信系统设计的基础。

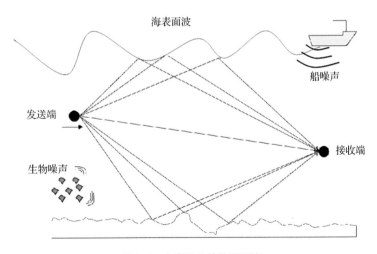

图2-8　水声通信的信道环境

高频适合于浅海通信。射线理论即将水声信道的主要到达路径用相应的射线来进行表征，提供了信道稀疏多途结构的描述方法。然而它无法捕获信道的时变特性，还需要建立可以描述如时变海面散射的适当模型，目前的困难在于没有可用的海面物理模型，因此这也从一个方面反映了水声技术与海洋物理的相互需求。

浅海信道还没有公认的能广泛使用的信道模型。近年来，有学者利用射线理论建立多途模型，该模型可以较为准确地描述非常浅的海域。对于非各向同性浅海信道中存在内波时的声传播研究可能会为将来时变物理信道建模研究提供基础。

信道均衡

水声通信信道具有长时延扩展和高多普勒扩展特性，时延扩展由多径效应导致，会引起频率选择性衰落，而多普勒扩展由收发平台之间的相对运动所导致，会引起时间选择性衰落。相干调制如相移键控（phase shift keying，PSK），结合自适应判决反馈均衡（decision feedback equalization，DFE）以及空间分集的通信方法有效地提高了通信速率，但付出了高计算复杂性的代价。尽管水声信道有长的时延扩展，但多途到达往往是离散的，这就存在利用稀疏均衡器的可能性，将延迟线放在有较大值的位置，减小抽头数目，从而可以有效降低复杂度，提供快速信道跟踪并增强性能。

常规均衡技术需要训练期以达到均衡器收敛。而盲均衡技术由于只利用信号的统计特性，不需要训练序列，但其收敛速度通常比常规方法慢，因而只能在长数据流等有限范围内使用。如果将盲均衡与适当的迭代过程相结合，可有效提高收敛速度，应用范围可扩展到短数据序列中。

由于错误判决在回路中的反馈，普通判决反馈均衡存在着误差传递问题，需要加入强有力的前向误差校正码来保证通信的低误码率。

Turbo均衡利用均衡器与解码器的迭代交互提供了联合估计、均衡和解码。现有实验表明，对垂直8阵元水听器阵在非常浅的浅海信道1千米处的测试结果较普通判决反馈均衡有显著提高，但算法在稀疏信道中还存在着一些问题，将稀疏均衡技术与Turbo均衡相结合有可能解决上述问题。

时反镜和相轭

根据线性波方程的对称性，声从一个位置发射到另一个位置接收，将接收信号时反再发射，则可在源位置处重聚焦。这就是时反镜（time reversal mirror，TRM）或它的频域等效——主动相共轭所依据的原理，这也是利用海洋自身完成的聚焦。时反镜的时间压缩效应减小了信道的时延扩展而空间聚焦效应则提高了信噪比并减小了衰落。基于时反镜原理的通信系统，需要先从接收端发射一个探查信号到发射端，然后发射端利用该信号的时反版本来载荷信息。在1998年的实验中，观察到3.5千赫信号的相干时间可达到数十分钟。尽管时反镜技术可以减小信道的时延扩展，但不能完全消除符号间干扰。因而可在时反处理后接判决反馈均衡来消除剩余的符号间干扰，以提高通信性能。

时反技术的频域实现方法是相共轭，它利用从发射端发射的相继信号的互相关函数来载荷信息。例如，将脉冲位置调制用于被动相共轭通信，线性调频信号（用来采样信道）之间的间距和它的镜像用于编码信号。又如一个探查信号后跟数个载荷数据的频移键控符号的被动相共轭通信系统。当存在由于海面运动引起的海洋变化性时，时反技术需要频繁地探查信道并在时反处理前进行多普勒跟踪才能取得可以接收的性能。因而时反技术在移动通信节点的应用是一个巨大的挑战，需要将海洋信道的动力学特性和目标的运动特性一起纳入通信系统。

由于海表面波、内波等海洋过程所导致的水声信道时延和多普勒双扩展及其变化性，信道的稳定时间有时不足0.1秒，频繁地在通信过程中插入训练序列码进行多普勒跟踪和信道估计必然会降低信道带宽利用率，而只采用判决反馈的方式来更新信道估计则很有可能出现"误差传递"问题。因而双扩展信道下的时反–时频信道匹配滤波器，是基于信道时延–多普勒双扩展函数的估计而不是基于信道响应函数的估计，由估计的信道采用类似Rake接收机一样的结构来消除由信道变化带来的多个多普勒频移，从而在平台运动情况下可以实现可靠通信。然而对于时延–多普勒双扩展的变化性，则需要在时反处理器后接一个扩展卡尔曼滤波器来跟踪信道的起伏，进行序贯处理。

多载波调制

将可用的带宽分成多个窄带，正交频分复用系统可以在频域执行均衡以减小复杂性。正交频分复用调制和解调都可通过快速傅里叶变换实现。地中海的通信实验结果显示在6千米处正交频分复用通信系统性能（误码率小于2×10^{-3}）较为突出。

正交频分复用系统对多普勒频移以及多普勒扩展非常敏感。由于水声通信系统的载频通常是比较低的，因此，由相对运动引起的多普勒频移容易导致子载波间的非一致频移，而逐个子带估计多普勒频移显然会增大计算复杂性，一种解决方法是先估计宽带多普勒频移，然后计算各子带多普勒频移。目前正交频分复用系统的多普勒频移方法有基本载频偏置补偿、非均匀多普勒频移建模、基拓展模型载频偏置补偿以及多径多普勒偏置补偿等。

空间调制

信息理论研究结果表明信道容量随着发射阵元和接收阵元的最小数目线性增加。通过多输入多输出和空–时编码可有效增加信道容量，对应着数据率的增加。

最佳检测算法例如最大后验和最大似然序列估计的计算复杂性随阵元数目的增加而指数增加。空时格码和分层空时码作为次最佳解码技术可解决上述计算量问题。相比于只利用时间调制，空–时调制方法可有效增加带宽和功率有效性。而对于符号间干扰限制信道，简单地增加发射功率不可能增大数据率，而空间调制则可以做到。多输入多输出–正交频分复用系统的实验中，在2个发射阵元和4个接收阵元设置下，在1.5千米距离，利用1/2 LDPC码，可达到12千比特/秒的数据传输率。

在实际的多输入多输出系统中增加吞吐量和空间分集的前提是在发射和接收阵中的换能器放置间距足够远，在感兴趣的频率比空间相干性尺度大。已有研究者从理论和实验上研究了在给定参数如换能器数目和间距情况下空间分集提供的增益。需要进行进一步的研究以更好地了解周围的传感器的位置问题，尤其是当它们的位置可能会受到限制，如自主式潜水器。

上述讨论从多个角度阐述了水声通信技术发展的环境因素。未来通信技术研究的重点方向将是如何准确地描述信道特征及其变化，如何设计信号处理体系和算法应对信道变化，这将依赖于水声物理、海洋物理的理论与观测成果。相关研究工作也必将导致对于海洋物理现象更好的理解。

水声通信技术在载人潜器方面得到了一定的应用，比较典型的例子是美国的"阿尔文"号（Alvin）和中国的"蛟龙"号载人潜水器。"阿尔文"号所采用的通信方式为模拟信号体制的水声电话，而我国的"蛟龙"号载人潜水器采用的主要是水声数字通信系统，综合运用相干水声通信、非相干水声通信、扩频水声通信等通信技术手段，使之能够在不同的水声环境下实现图像、文字、指令等数据的即时传输，并具有较强的抗噪声能力。载人潜水器母船可以准实时地获取到潜水器的工作状态，7秒或者14秒传输一幅光图或声图。

海洋科学与海洋技术交叉融合发展

Interactive Development of Marine Science and Marine Technology

（a）

（b）

图2-9　载人潜水器

（a）"阿尔文"号载人潜水器；（b）"蛟龙"号载人潜水器

水声目标定位中的水声学、海洋学与信号处理互动

　　水声目标定位是声呐技术的主要应用和发展方向，百年前声呐发明之时，即被首先应用于航行船舶前方冰山等障碍物的探测。水声目标定位的方式分很多种，根据声呐工作方式的不同，主要可分为被动定位和主动定位两大类。定位的基本原理主要依据声源或作为二次声源的目标位置不同，导致声呐接收到的声波信号相位和幅度的差异，即声呐信号是声源或二次声源位置信息的函数，结合声传播模型，通过信号处理算法估计声源或目标的位置信息。经历100年的发展，传统的声呐定位技术仍然具有生命力，然而新技术随着科技的发展也层出不穷，根据模型的发展，定位的方法可分三个阶段。

信号处理与物理模型的互动发展

　　水声目标定位所面临的海洋环境可分为三类：自由场环境，波导环境（静态复杂性）和不确实性环境（动态复杂波导）。20世纪五六十年代兴起并发展起来的白噪声背景和自由场传播条件下的常规

平面波波束形成处理至今仍在作改进性研究和应用。随着对近海海洋开发的重视以及浅海军事需求的加强,七八十年代兴起的基于传播模型的匹配场处理被看作是声呐信号处理发展的一个里程碑。这类处理利用波导复杂性,提高了信号检测和目标位置信息等参量估计的能力。各种传播模型、噪声模型和混响模型相继出现。根据权威文献统计,传播模型有114个,噪声模型有17个,混响模型有17个;它们为水声基于模型的信号处理的发展奠定了重要基础。

波导较之自由场,其复杂性表现在信号传播时延扩展、频率多普勒扩展和波数(角)扩展。复杂性提供了提高定位灵敏性的可能性和潜力。在由传播模型预测的阵数据与实际测量的阵数据相符合的情况下,匹配场处理可以取得成功。然而,传播模型需要正确的海洋环境声参量驱动,在实际情况下,它们的获取与模型运行的要求往往存在差距。所以即使在静态条件下,匹配场处理的失配问题一般也是难以避免的。进而,在不确实、动态环境下,比如具有强烈的时变和空变特性的浅海或近岸海域,信号处理的失配是必然的。因此,环境不确实性已成为目前水声信号检测和估计中的主要问题。研究具有较好宽容性和较高灵敏性的目标定位方法成为水声信号处理的主要任务之一。大批研究者开展水声学、海洋学与信号处理技术三者的交叉研究,自20世纪90年代以来数个大型研究计划和水声综合考察项目相继启动,推动了水声学、海洋科学、信号与信息处理等相关学科的发展。

为解决动态复杂波导环境下的声呐定位问题,水声技术与海洋科学的交叉日益成为研究热点,自20世纪90年代以来,已成为水下传感器网络发展的主要推动者之一。包括移动节点在内的水下传感器网络代表着新一代的动态海洋环境监测技术发展方向,近几年来西方国家特别是美国以区域环境动态测量/建模和快速战区测量为背景得到迅猛的发展。伍兹霍尔海洋研究所主持的2006年新泽西州附近海域浅海水声实验（SW'06），62套锚系潜标沿着大陆架（平均水深80米）及垂直大陆架（水深60~600米）方向以T字形布放，其中为分析环境起伏对声场的影响，布设了多个同步动力观测浮标，水平线阵和垂直线阵组成的L形水听器阵监测锚放与船载声源信号的传播，动用了6条实验船、水下航行器编队以及飞机和卫星等参与，是该所成立84年来最大型的一次综合海上观测实验。

　　然而，广袤的环境与有限的资源决定了水下传感器网络无法采取如陆上系统密集的节点布设。另一方面，观测数据具有高精度及局部点/线/时间片段的特点，而主导传播的模型/环境演化的模式具有低精度、宽覆盖及无缝估计/预报的特点，因此数据与模型/模式的耦合同化是大范围、长时间水下环境监测的重要组成部分，声学数据同化技术被认为是捕捉、减少环境不确定性，实现透明海洋的重要手段之一，已成为水声技术和物理海洋领域的研究热点。

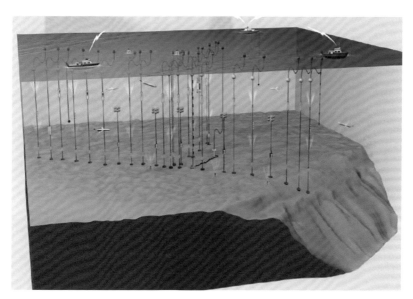

图2-10　2006年新泽西州附近海域浅海水声实验设备布放示意图

典型的数据同化系统包括观察网络、动态系统及数据同化技术三个主要组成部分。系统的最终目的是要估计感兴趣的环境参数。由于实际观察网络的覆盖范围有限，有效的海洋动力模式及其状态变量估计是声学数据同化技术成功的关键。测量模型将观察数据与动力系统的状态变量连接起来；通过动力系统与数据的融合，得到有关参数和状态变量的估计，其误差在测量误差和模型误差边界范围内；同时通过对参数估计误差的分析，来调整观察网络的采样方案；重复上述过程以改进动力模型进而改进环境预测能力。通过海洋声学-环境特性的同步观测，充分挖掘声传播与物理海洋之间的耦合关系，对于掌握复杂海洋环境下声传播规律，发展既宽容又灵敏的声呐定位技术具有重要的意义。

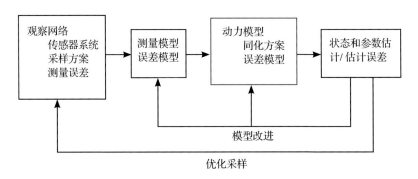

图2-11 典型的数据同化系统

立足浅蓝走向深蓝

水声定位技术经历一个世纪的发展，在海洋环境监测技术以及相关学科的协同发展下取得了长足进展，成果丰硕。海洋声呐的百年发展史充分说明，只有创新才能实现技术的跨越式发展。然而波导环境尤其是动态复杂波导环境下的定位仍是难点问题。水声定位仍面临着所谓两个"1 000"的问题，即干扰的数量是目标数的1 000倍；干扰的强度是目标强度的1 000倍。MH 370静卧深海，谜底仍未解开。无论是浅海还是深海，我们对声传播特性还缺乏了解，水声定位仍然充满挑战。

第三章

海上"千里眼"
——海洋环境监测雷达

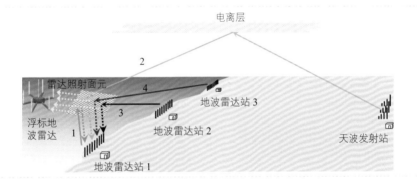

什么是海洋环境监测雷达

　　雷达，是英文Radar的音译，源于radio detection and ranging的缩写，意为"无线电探测和测距"，即用无线电的方法发现目标并测定它们的空间位置。因此，雷达也被称为无线电定位系统，是利用电磁波探测目标的电子设备。它发射电磁波对目标进行照射并接收其回波，由此获得目标至电磁波发射点的距离、距离变化率（径向速度）、方位和高度等信息。

　　雷达作为一种军事装备服务于人类是20世纪30年代的事，雷达原理的发现和探讨可追溯到19世纪的末期。1864年麦克斯韦提出了电磁理论，预言电磁波的存在，但是直到22年后这一预言才由赫兹（H. Hertz）证实。在1886年赫兹进行了用人工方法产生电磁波的实验，证明了"无线电波"的存在，验证了电磁波的产生、接收和散射。1903年德国人威尔斯姆耶（Wilsmoy）探测到了从船上反射回来的电磁波。又过了近20年，马可尼（Marconi）于1922年提出一种相当实用的船用防撞测角雷达的建议，最早比较完整地描述了雷达概念。1935年英国人和德国人第一次验证了对飞机目标的短脉冲测距。第一部可使用的雷达在1937年才诞生，它是由罗伯特・沃森・瓦特（Robert

Watson-Watt）设计并在英国建成的。1938年英国开始组建世界上最早的防空雷达预警网，随后应用于第二次世界大战之中。1939年9月，第二次世界大战爆发时，英国已在其东海岸建立起了一个由20个地面雷达站组成的"本土链"雷达网。半个多世纪以来，雷达技术随着电子技术和信号处理理论以及技术的发展不断获得快速进步。美国研制的海基X波段雷达，具备探测6 000千米外一个棒球大小目标的能力。

雷达作为海洋探测工具却是近几十年的事。电磁波在水中的传播不同于在空气中的传播，对于通常的无线电波，海水表现出高介电常数和高电导率特性，意味着海水本身是一种良导体。电磁波在海水传播过程中，电场产生传导电流。电磁场能量通过电流转化为热能，致使电磁场的振幅不断衰减，频率越高衰减越快，这个现象称为趋肤效应，因此，海水对于高频无线电波有很强的屏蔽作用，这样看来，雷达似乎与海洋应用无关了。

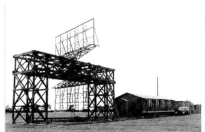

图3-1　英国的罗伯特·沃森·瓦特爵士（右上）为英军开发了以无线电波探测飞行物的技术（左上和左下为雷达天线，右下为雷达控制中心）

图3-2 海基X波段雷达

　　然而，从20世纪30年代开始，科学家发现了无线电波在地面上的地波传播模式，发现波长较长、垂直极化的无线电波可以在海面上超视距传播，同时，人们也观察到担任探测和警戒任务的英国海岸防空雷达，总是受到来自海面不明原因的"干扰"，并且这些干扰使得雷达回波谱中出现较高的峰值。这些峰值对应的不仅不是实际的目标，有时候还干扰目标的侦测。后来通过试验证实，这些"干扰"来自海面波浪对无线电波的散射，而且其散射机理类似于晶体的原子构架对X射线的布拉格散射，从而开辟了利用无线电波探测海洋表面动力学状态的无线电海洋学，使得本来似乎与海洋无缘的雷达成为海洋探测的有效工具。中、短波段雷达不仅能够实现低空飞行目标和船只等海上移动目标的超视距探测，而且还可以提取海面流场（径向流速）、风场（风速、风向）和海浪谱等信息，从而为海洋环境探测、海洋气象预报和海态遥感等需求提供了新的观测工具。

　　海浪可以视为无数具有随机相位的正弦波动的叠加，各正弦波分别具有不同的幅度和频率。按照频率（或波长）划分海浪主要可以分为张力波和重力波两大类。张力波又称毛细波，其回复力以表面张力为主，频率较高（波长较短）；重力波的回复力主要是重力，其频率较低（波长较长）。同时海浪是有方向的，通过二维海浪谱，又称为有向海浪谱，可以描述海浪的功率谱密度随频率和传播方向的分布。不同波长的电磁波均可以与相应尺度的海浪之间产生布拉格共振相互作用，能与数十米波长海浪产生谐振的电磁波频段主要为短波段，即高频段；对应于张力波或向张力波过渡的重力波的电磁波频段为微波段，因此常用于海洋遥感的雷达有高频雷达和微波雷达。超视距探测能力是高频雷达的主要特征之一，通过地波方式可以获取数十千米到数百千米的海面回波信息，通过电离层反射的天波传播方式甚至可以获取数百到数千千米以外的海面回波信息。微波雷达通常用于对数千米范围的海面状态进行较为精细的观测。

与地基高频雷达探测和微波雷达探测相比，机载和星载合成孔径雷达（SAR）以及高度计等设备也能够准确实时地大面积探测海洋动力环境参数。机载或卫星遥感成本相对较高，回访时间间隔长，易受海洋恶劣天气的影响，且很难得到高精度海流信息，不能胜任全天候连续监测的要求。

常用于海态遥感的微波雷达是X波段测波雷达。X波段雷达作为岸基和船基监测海浪场的有效手段，有体积小、盲区小、价格低廉、不易受自然灾害破坏等特点，而且它还可以很方便地架装在岸基或船基上，实现对近岸海表面场的快速准确和实时监测，但微波雷达由于探测距离的限制，无法满足海洋诸要素中远程监测的需求。

高频雷达能够超越视距的限制，覆盖范围更广，通常称为超视距雷达（over-the-horizon radar，OTHR）。超视距雷达有两种基本类型：利用电离层对短波的反射特性探测远距离目标或环境参数的雷达，称为天波超视距雷达（sky wave OTHR），其作用距离为

700～3 000千米；利用高频电磁波在地表的表面波绕射效应探测地平线视距以外目标或环境参数的雷达，称为地波超视距雷达（ground wave OTHR），又称地表面波雷达（surface wave OTHR），与天波超视距雷达相比，它的作用距离较短，一般为50～400千米，但它能监视天波超视距雷达不能覆盖的区域。地波超视距雷达利用高频电磁波沿地球表面绕射克服地球曲率的限制，因此地表特性对其影响较大。陆地和淡水的电导率较低，电磁波传播时的损耗很大，而海水对高频电磁波来说可以视为良导体，因此地波超视距雷达一般架设在海岸滩头（岸基型）或装配在舰船上（舰载型）。与天波超视距雷达相比，地波超视距雷达受电离层变化的影响相对较小，信道条件稳定。

随着国际上200海里专属经济区（exclusive economic zone，EEZ）的确定，各国都重视对各自领海的监测。海洋环境参数获取的传统方法是使用浮标、潜标、海流计、海洋调查船、海上平台等现场观测设备及岸站仪器，这些技术方法存在某些不足之处，如只能得到特定时间内局部点线上的数据，不能全面反映待测海域的真实海况，并且勘察作业受到气象、海况条件的限制，无法得到实时的连续变化的海洋环境数据。高频地波超视距雷达可以实现对海洋环境状态（如风、浪、流等海洋动力学参数）的连续监测。与传统的监测手段相比，高频地波雷达具有明显的优势，如探测范围大、探测精度高、相对投资少、实时性好、受恶劣天气及海况的影响较小、可全天候工作等，在防灾减灾、海上救援、污染监测、海上航运、渔业生产、资源开发、海洋工程、气象预报、科学研究及维护国家安全等方面具有广泛的应用前景。

人类不再
"望洋兴叹"

　　"望洋兴叹"这个成语来自庄子的一篇寓言，字面意思为望着海洋，叹其浩渺无际，常用于形容在伟大的事物面前感叹自己的渺小。从古到今，海洋一直是人类渴望探索开发的地方，可面对大海，人类常会"望洋兴叹"，想要探索海洋，受限的因素却很多。

　　（1）海洋浩瀚无边。海洋是地球上最广阔的水体的总称，地球表面被各大陆地分隔为彼此相通的广大水域称为海洋，其总面积约为3.6亿平方千米，约占地球表面积的71%，海洋中含水量超过13.5亿立方千米。目前为止，人类已探索的海底只有5%，还有95%的海底对人类来说仍是未知的。

　　（2）海洋的变化无常。海洋中的波浪运动、潮汐、海流等运动变化复杂，同时海洋与空气之间的气体交换对气候的变化和发展有极大的影响。海洋的灾害如灾害性海浪、海冰、赤潮、海啸和风暴潮等影响沿岸与海岛地区的各类生产和生活活动。

　　（3）海洋的资源丰富，人类自身能力有限，探索海洋受技术、资金等方面的限制，只开发了很小一部分。浩渺的海洋中有各种各样人类需要的可利用资源如海洋化学资源、海洋生物资源、海洋矿产资源、海洋动力资源和海洋空间资源等，而如今人类探索发现的只是很小的一部分，特别是深海，有待人类继续发掘的资源还有很多很多。

（4）海洋探测技术的复杂及难度。海洋探测技术汇集了各学科领域最高技术成果，它包括调查平台、海上定位、海底地形探测、地球物理探测、遥感技术等几大类，如何将它们有效地集成应用到海洋观测，在技术和方法上均存在很多挑战。

随着包括海洋超视距雷达在内的海洋遥感技术的运用，人类对海洋的感知能力由以往的目力所及拓展到超越地平线，覆盖广袤的海洋。海洋超视距雷达作为一种新兴的海洋监测技术，具有超视距、大范围、全天候以及低成本等优点，被认为是一种能实现对各国专属经济区进行有效监测的高科技手段。各临海发达国家均进行了研发投入，并实施了多年的对比验证试验和应用示范。海洋环境监测用的超视距雷达，可以按10分钟的时间分辨率连续获取数万平方千米海面的海洋状态参数分布，这是目前其他探测手段无法做到的。

除了地表的高频海洋雷达，海洋监视卫星雷达也是海洋监测的"护卫"，它的作用在于探测、监视海上舰船和潜艇的活动。它要求能在全天候条件下监测海面，有效鉴别敌舰队形、航向和航速，准确确定其位置，能探测浅表面潜航中的核潜艇，跟踪低空飞行的巡航导弹，为作战指挥提供海上目标的动态情报，为武器系统提供超视距目标指示，为航船的安全航行提供海面状况和海洋特性等重要数据。另外，它还能探测海洋的各种特性，例如海浪的高度、海流的强度和方向、海面风速及海岸的性质等，从而可为国家经济建设服务。目前，美国正在执行"联合天基广域监视系统"（SBWASS-Consolidated）计划，该计划由"海军天基广域监视系统"（SBWASS-Navy）和"空军与陆军天基广域监视系统"（SB-WASS-Air Army）合并而成，兼顾了空军的战略防空和海军海洋监视的需求。

在海上油田生产中，雷达可监测石油平台周围生产水域在航船舶

动态，保护生产设施和油运安全；在水产养殖区内，可以利用雷达监测水道通航船舶、生产船舶和水产养殖设施的安全状况，确保水运交通和水产养殖的安全秩序；在大桥及水下电缆光纤等设施的保护及特定水域的监测管理中，雷达亦能发挥其安全效能。除此之外，还可以利用超高频岸基雷达监测离岸流。离岸流一般是分布在离岸30～760米的位置，流速通常可以达到8千米/时或更快，对近岸泥沙搬运、污染物扩散、近岸地形变化具有重要影响，是人类进行近海活动的重要限制因素。高频岸基雷达能够监测离岸流的具体位置、持续时间、流速、浪高，在未来的海岸监测中有广泛的工程应用。

船用航海雷达是现代航海不可缺少的重要导航设备，可以用来探测船舶载体周围的各类物体，如船只、航标、桥墩、堤岸、浮冰、海岛、冰山、海岸线等，给船员提供直观清晰的目标距离与方位数据，根据需要发出警告信息，规避危险障碍物，防止碰撞事故，保证船舶安全航行或顺利锚泊。利用计算机联网，船用导航雷达可将雷达图像和电子海图传输到船上任一部位。在电子海图上，驾驶员能立刻判断出移动目标、浮标和其他静止物体。可以想象乘客在船上也可以通过显示屏看到船体周围的场景——"一览众海小"。

机载海洋雷达在海洋遥感方面的应用，可以用来测量地形地貌、监测水下地质灾害、勘查水下资源等。1998—2003年，在渤海、东海都发生了面积达到几千平方千米的特大赤潮，这在国际上都非常罕见。由于赤潮形成机理复杂，尚无十分有效的方法防止赤潮的发生，只能通过监测和预报的手段来减少赤潮造成的损失。目前，基于机载的航空海洋遥感探测等新技术在赤潮监测和预报领域的应用引起了越来越多国家的重视。采用机载海洋激光雷达，针对海洋赤潮消长过程中所呈现出的光学物理现象，引入赤潮藻散射系数的概念建立赤潮散射系数的模型，以此进行仿真计算，从而对赤潮进行有效的监测。

随着海洋信息获取手段的丰富，人类对海洋的观测和研究越来越深入，"数字海洋"亦随着"数字地球"理念应运而生，它通过卫星、遥感飞机、雷达、海上探测船、海底传感器等进行综合性、实时性、持续性的数据采集，把海洋物理、化学、生物、地质等基础信息装进一个"超级计算系统"，使大海转变为人类开发和保护海洋最有效的虚拟视觉模型。为在海洋竞争中获取信息优势，美国、英国、法国、德国、俄罗斯、日本等国正将科研尖端力量和大笔资金投入"数字海洋"的研发中。例如，美国和加拿大为此制订的"海王星"计划、日本的ARANA计划等已初步实现应用。非洲地区沿海25国也联合建立了非洲近海资源数据和网络信息平台。

未来海洋雷达的发展和应用将会趋于功能丰富，种类拓展，不仅会在海洋科学研究、调查和工程、经济活动上得到广泛应用，也将深入人类与海洋相关的日常生活中。

有了海洋雷达这个"千里眼"，人类将不再"望洋兴叹"。

奥帆赛上的海洋雷达

在2008年青岛奥运会帆船赛赛场上，有两项科技奥运成果创造了世界第一：其一是第一次将地波雷达用于奥帆赛场海流观测，为各国运动员提供高精度的比赛海域海洋表面流场观测数据；另一个是首次使用移动多普勒测风激光雷达为奥帆赛提供高精度的赛场海域表面风速、风向信息。

海流是影响帆船比赛的一个关键海洋环境要素，对运动员而言，掌握比赛海域的海流变化规律对他们完成比赛、取得好成绩至关重要。历届奥运会的帆船赛事一般只利用赛场内的几个浮标站观测到的海流数据，来代表整个比赛海域的海流情况，也就是"以点代面"。为确保各国运动员获得高精度的比赛海域海洋表面流场观测数据，自然资源部北海局把地波雷达系统首次引入比赛海域，目的是精确预测海流和风速情况。同时，由我国自主研发的国内第一台可移动多普勒测风激光雷达，在奥帆赛期间正式"服役"。这种雷达可探测到30千米高度范围内的暴雨、冰雹、大面积降水云团及其他空中气象目标，具有在场地风力数据监测、预报等方面提供精确化预报服务的能力。它的应用为奥帆赛提供了高精度的赛场海域表面风速、风向信息，这在国际上尚属首例。

奥运会帆船比赛需要在开阔的水域上设4～5个比赛场地，每个场地直径为1.2～1.5海里。奥帆赛对气象条件的要求非常高，帆船比赛要求风力持续在3～20米/秒之间。在一轮比赛内，若风向摆动大于50°或能见度小于1 500米或遇到雷雨等天气，都要停赛。由于风向、风速及浪流潮等气象水文条件的变化，帆船比赛场地也需按照气象水文情况进行布设。

海洋雷达的应用正好可以满足水上运动对水动力学参数的苛刻要求。高频地波雷达可以通过海洋表面散射回波来测量海洋表面海水的运动状况，包括海水表面的波浪高度、速度等，而海浪和海流在很大程度上是由风产生的，因此从雷达回波可以推演出风的特性。根据雷达的观测数据，结合海洋动力学模型，可以获得比赛水域的海洋动力要素的时空分布情况，这对组织方和参加比赛的选手来说都是十分有利的。当选手们了解海洋表面流和风的情况时，可以在比赛之前做好比赛的路线规划，以取得更好的成绩。另外，一些在海上举行的大型游泳比赛，如跨水域的游泳赛事，对海上状况的要求更高的，比如海面的波浪不能太大，风速不能太大，这就要求举办方对相应水域的表面流和风信息要十分了解。有了高频地波雷达这种探测工具，只要向需要举行比赛的水域发射电磁波信号，就可以得到相应水域的海洋表面流和风速信息，举办方以此作为是否举行比赛的重要参考依据。而选手们则可以根据赛场水域的表面流和风速来制定自己的游泳路线以取得最佳成

绩。当海上出现突发情况时，监测雷达能及时发现，以便组织者采取必要的措施，维持比赛的进行或者降低事故的发生率。

奥帆赛后，雷达在水上运动项目上的应用逐渐推广，在随后进行的残疾人奥林匹克运动会上，连云港市新一代多普勒气象雷达在监测比赛水域表面流和风速上发挥了重要作用，它监测的范围是以连云港市为中心直径460千米的海域。该雷达每6分钟把自动监测的数据通过网络上传，使气象信息快速共享，资料上传及时高效。2010年亚运会也应用了地波雷达和新一代气象雷达，共有16部雷达为亚运会提供全面立体的气象服务，堪称世界级的海洋气象雷达监测密集区，有力地保障了亚运会海洋动力学参数全面高密度实时获取及气象服务能力，为帆船等水上运动项目比赛"保驾护航"。

监测海洋灾害的"哨兵"

海洋灾害主要包括风暴潮、海浪、海冰、地震海啸、赤潮、海上溢油以及热带气旋、温带气旋和冷空气等所造成的突发性海上和海岸灾害。这些灾害不仅给沿海人民生命财产造成严重损失，而且对渔业、交通、能源设施和海洋资源开发也有严重的影响。随着我国沿海经济的迅速发展和海上生产活动的日益增多，海洋灾害造成的损失从总体上看呈明显上升趋势。

1）风暴潮灾害

风暴潮指的是由强烈大气扰动如热带气旋（台风或称飓风）、温带气旋等引起的海面异常升高现象。风暴潮往往伴有狂风巨浪，如果风暴潮恰好与天文潮相叠，其影响所及的滨海区域潮水暴涨，叠加潮水之上的狂风巨浪会冲毁海堤、江堤，吞噬码头、工厂、城镇和村庄，使物资不得转移，人畜不得逃生，从而酿成巨大灾难。有人称风暴潮为"风暴海啸"或"气象海啸"，我国历史文献中称

"海溢""海侵""海啸"及至"大海潮"等，把风暴潮灾称为"潮灾"。风暴潮灾的空间范围一般为10～1 000千米，时间尺度或周期为1～100小时，介于地震海啸和低频天文潮波之间，但有时风暴潮影响区域随大气扰动因子的移动而移动，因而有时一次风暴潮过程可影响长达一两千千米的海岸区域，影响时间可达数天之久。

2）海浪灾害

海浪是指由风产生的海面波动，其周期为0.15～25秒，波长为几十厘米至百米，波高一般为几厘米至20米，在罕见的情况下，波高可达30米。由强烈大气扰动如热带气旋、温带气旋和强冷空气大风引起的海浪，在海上常能掀翻船舶、摧毁海上工程和海岸工程，给航海、海上施工、海上军事活动、渔业捕捞等带来灾害。因此，海浪灾害也是最严重的海洋灾害之一，是发展海洋经济的一大障碍。有史以来，地球上有100多万艘船舶沉没于惊涛骇浪之中。近几十年来海浪给迅速发展的海上油气勘探开发事业也带来了巨大损失。

3）海冰灾害

海冰灾害也属于突发性海洋自然灾害。严重海冰是在数天、数十天甚至是入冬以后长期持续低温造成的。所谓"冰冻三尺，非一日之寒"。一次灾害过程持续的时间也比较长，少则三五天，十几天，多则如1969年达到近2个月之久。但海冰除在海上造成直接破坏或船损造成漏油、溢油、喷油事故而引起次生灾害外，一般情况下则较少引起次生灾害。

4）海啸灾害

海啸是太平洋及地中海沿岸国家滨海地区最猛烈的海洋自然灾害之一。实际上，全球海洋都有海啸发生，只是其他地区危害相对较轻或频发程度不高。海啸在滨海区域的表现形式是海水陡涨，骤然形成向岸行进的"水墙"，伴随着隆隆巨响，瞬时侵入滨海陆地，吞没良田和城镇村庄，然后海水又骤然退去，或先退后涨，有时反复多次，造成生命财产的巨大损失。

5）赤潮灾害

赤潮是海水中某些小的浮游植物、原生动物或细菌，在一定的环境条件下突发性地增殖聚积，引起一定范围内一段时间的海水变色现象。通常水体的颜色依赤潮的起因、生物的种类和数量而呈红、黄、绿和褐色等。所以赤潮并不一定都呈红色。赤潮的发生给海洋环境、海洋渔业和海水养殖业造成严重的危害和损失，也给人类健康和生命安全带来威胁。

下面以台风、海啸和海上救援等为例介绍海洋雷达在海洋灾害监测上的应用。

台风的雷达观测

台风，指形成于热带或副热带26℃以上广阔海面上的热带气旋。世界气象组织定义：中心持续风速在12级至13级（即风速达32.7～41.4米/秒）的热带气旋为台风（typhoon）或飓风（hurricane）。北太平洋西部（赤道以北，国际日期变更线以西，东经100°以东）地区通常称其为台风，而北大西洋及东太平洋地区则普遍称之为飓风。每年的夏秋季节，我国毗邻的西北太平洋上会生成不少名为台风的猛烈风暴，有的消散于海上，有的则登上陆地。台风过境时常常带来狂风暴雨天气，引起海面巨浪，严重威胁航海安全。台风登陆后带来的风暴增水可能摧毁庄稼、各种建筑设施等，造成人民生命、财产的巨大损失。因此，加强台风的监测和预报，是减轻台风灾害的重要的措施。

对台风的观测手段主要有气象卫星和多普勒雷达。在卫星云图上，能清晰地看见台风的存在和范围。利用气象卫星资料，可以确定台风中心的位置，估计台风强度，监测台风移动方向和速度以及狂风暴雨出现的地区等，对防止和减轻台风灾害起着关键作用。当台风到达近海时，还可用雷达监测台风动向。自20世纪60年代起，我国在北

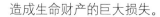

起山东南至广东、广西的沿海地区建设了由X波段、C波段以及警戒和监测台风的S波段雷达组成的雷达网。这些雷达的台风降水回波资料为台风的定位和预报提供了有力的参考依据。

　　随着高频超视距雷达在海洋监测的应用，高频雷达对台风的监测能力引起人们的重视。1967年，L. H. Tveten在《科学》（*Science*）期刊上报道了利用高频天波雷达获得的一次飓风期间的海洋回波谱特征，探测距离达2 300千米，指出可以用天波雷达进行大面积海面状态的监测。1977年，J. W. Maresca和C. T. Carlson用高频天波雷达观测了Anita飓风的风向变化，与浮标和飞机观测结果对比一致性较好。中国OSMAR071地波高频超视距雷达反演2010年9月2日04:00LT"狮子山"台风登陆过程的风场，台风风眼清晰可辨，这是国际上首次利用地波高频超视距雷达探测定位台风风眼。

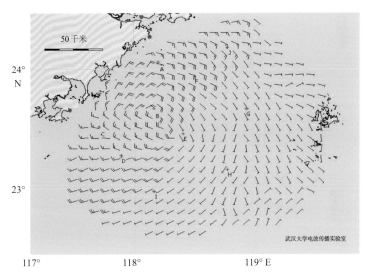

图3-3　地波雷达反演的2010年9月2日04:00LT"狮子山"
台风登陆过程的风场

海啸的雷达观测

海啸就是由海底地震、火山爆发、海底滑坡或气象变化产生的破坏性海浪，海啸的波速高达每小时700～800千米，在几小时内就能横过大洋；波长可达数百千米，可以传播几千千米而能量损失很小；在茫茫的大洋里波高不足1米，但当到达海岸浅水地带时，波长减短而波高急剧增高，可达数十米，形成含有巨大能量的"水墙"。在一次震动之后，震荡波在海面上以不断扩大的圆圈，传播到很远的距离，正像卵石掉进浅池里产生的波纹一样。海啸波长比海洋的最大深度还要大，轨道运动在海底附近也没受多大阻滞，不管海洋深度如何，波都可以传播过去。海啸主要受海底地形、海岸线几何形状及波浪特性的控制，呼啸的海浪水墙每隔数分钟或数十分钟就重复一次，摧毁堤岸，淹没陆地，夺走人民生命财产，破坏力极大。全球的海啸发生区大致与地震带一致，有记载的破坏性海啸大约有260次，平均大约六七年发生1次。近期破坏力极大的两次海啸分别是2004年12月26日的印度洋大海啸和2011年3月11日的日本海啸。

印度洋的这次海啸可能是世界近200多年来死伤最惨重的一次海啸，发生的范围主要位于印度洋板块与亚欧板块的交界处，地处安达曼海。这场突如其来的灾难给印度尼西亚、斯里兰卡、泰国、印度、马尔代夫等国造成巨大的人员伤亡和财产损失。日本的这次海啸发生于2011年3月11日，由震中位于北纬38.1°，东经142.6°的西太平洋国际海域的里氏9.0级地震所引起，震源深度约20千米。日本气象厅随即发布了海啸警报，称地震将引发约6米高海啸，后修正为10米。根据后续研究表明，海啸最高达到23米。

海啸预警通常是利用海上浮标的观测数据来进行的，但海上浮标只能获得一个点上的观测数据，并且在海域布置浮标的代价也较高，极大地限制了它的使用。而通过卫星雷达测高可观测到沿卫星下点轨迹的相距几千米的点上的海面高度。利用卫星测高获得的深海波形观测数据，结合影像数据将有助于对海啸波进行预测，增进人们对海啸在海洋中传播规律的了解。

2005年1月10日，美国国家海洋与大气管理局（National Oceanic and Atmospheric Administration，NOAA）的科学家们对外公布了利用卫星测高数据观测到的印度洋海啸引起的海面高异常的研究结果。由不同的卫星测高数据测定了沿卫星星下点轨迹的波高异常，可以很明显地看出海啸波在传播过程中的情形。研究结果同时显示，利用卫星观测资料可改进现有的模型，提高对海啸灾害进行预报的能力。

1979年，D. E. Barrick提出了利用岸基高频地波雷达对海啸进行预警的技术方案，该方案利用高频雷达测流的功能，可以提前数十分钟发现远处海面上由海啸波导致的流场异常分布。该建议的意义一直未能得到广泛重视，直到2004年12月印度洋大海啸发生之后，这项建议才引起人们的关注。目前东南亚、日本等国都在构建基于地波雷达的海啸预警网络。

2011年3月11日，日本北海道地波雷达3个接收通道记录到日本海啸引起的海流异常情况，显示在通常较小背景流场上出现了由海啸所引起的周期为40分钟左右的异常流速变化。美国CODAR公司于2005年推出结合地波雷达观测系统的海啸预警软件。

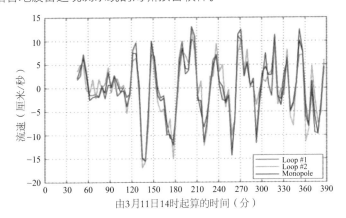

图3-4　日本北海道地波雷达记录的日本海啸所引起的异常流速变化

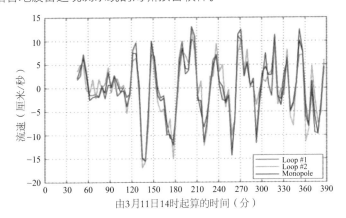

(a)

(b)

图3-5 欧洲空间局"环境卫星"
（Envisat）获取的南极冰山大崩塌合
成孔径雷达图像

（a）卫星拍摄的日本发生地震海啸当天的
情形； （b）海啸发生5天后的情形

当海啸灾难发生时，我们还可以通过雷达来监测、预报由其导致的次生灾害，如日本海啸致1.3万千米外南极冰山大崩塌。图3-5是由欧洲空间局的"环境卫星"（Envisat）搭载先进合成孔径雷达（ASAR）获取的，时间分别是2011年3月11日和16日。图3-5（a）中，冰架刚刚开始发生崩塌；图3-5（b）中则显示冰架崩塌5天之后的场景，可以看到大片的碎冰在海面上漂浮。这样的连续观察可以让我们监视整个崩塌事件的进展情况。雷达图像具有显著的优点，它可以穿透云雾，看到下方的地形，陆地冰原和冰架，崩落不久的海上冰山呈现亮白色，而颜色略显灰色的区域则是含有少量浮冰的海面。相比之下，开阔的无冰洋面呈现黑色。

溢油的雷达观测

2010年4月20日发生了一起墨西哥湾外海油污外漏事件，史称墨西哥湾漏油事件或英国石油漏油事故。起因是英国石油公司所属一个名为"深水地平线"

（Deepwater Horizon）的外海钻油平台发生故障并爆炸，导致了此次漏油事故。爆炸同时导致了11名工作人员死亡及17人受伤。据估计每天平均有12 000～100 000桶原油漏到墨西哥湾，导致至少2 500平方千米的海水被石油覆盖着。在千方百计试图堵住漏油点的同时，美国政府启用了包括高频地波雷达在内的多种海洋监测设备，监测漏油区墨西哥湾的海流和风场变化情况，结合海洋动力学数值模型，对海上油污的扩散和漂移情况进行了较为精确的预测，有力地支持了堵漏和油污清理工作的进行。

事实上类似于上述墨西哥湾漏油事件的海上溢油事故很难杜绝，能够第一时间掌握溢油监测信息，及时合理地安排应急处置工作，是最大程度减少损失的必要条件。在沿岸和海上作业平台安装溢油监测系统，基于无线网络传输设备，将作业平台上采集、分析的数据传递至岸基应急指挥中心数据库，构建海上组网式溢油监测体系，能够使岸基指挥中心实时获取平台周围的溢油信息，为溢油事故应急处置和安全监管工作提供有效的数据基础，是海上石油开发作业顺利进行的保障。

图3-6　墨西哥湾漏油事件中消防船试图扑灭英国石油公司"深水地平线"号石油钻井平台上的大火

目前，主要有3种雷达用于海上溢油监测，即合成孔径雷达（synthetic aperture radar，SAR）、航海雷达（marine radar）和高频地波雷达。利用合成孔径雷达图像监测海面溢油具有目标轮廓清晰、对比度好、分辨率高、纹理清晰等特点。因为水体和油膜对微波波段电磁波的吸收比红外区要小得多，对用雷达探测海面油膜非常有利。油膜的存在对海面起平滑作用，使海面粗糙度降低，这样受油膜覆盖的海面，对雷达脉冲波的后向散射系数明显比周围无油膜区小得多，因此在侧视雷达和合成孔径雷达图像上，油膜呈暗色调。航海雷达，亦称船用雷达，主要工作在X波段和S波段，用于船舶碰撞避让、定位监控和航行导航。通过加装极化探测和相应的信号处理模块，可以让其具备海面油膜的探测能力。如上述例子所示，高频地波雷达在溢油监测方面的应用已经开始，主要是通过对大面积海面流场和风场的实时监测，结合海洋动力学数值模型，对油膜的扩散和漂移进行预测，为清污、救助部门提供决策依据。

雷达辅助海上救援

海难发生时船只破损，人员落水，在海洋表面流和风的共同作用下发生位置漂移。高频地波雷达可以实时获取大范围海洋表面流场和风场，通过与海洋数值模型进行同化处理，可以对落水人员随海洋运动的轨迹进行预测，大幅降低救援搜索的面积，增加救援成功概率。如福建省海洋预报台委托厦门大学开发的海上搜救预测系统已经投入实际运行，通过同化高频地波雷达的海洋实测资料，从2009年至今在一百多起海上遇险事故中发挥辅助决策作用，共救落水人员超过300人。

除了高频地波雷达，有一些多功能的海用雷达可用于对海上落水人员的搜救。如，法国汤姆逊－CSF公司开发研制的"海洋船长"（Ocean-Master）机载海上巡逻雷达，具有反舰、反潜、舰船成像、空空检测、搜索与救援以及经济区保护等功能；英国索尼曼公司研制的"搜水2000"（Search-Water）系列雷达，是一部高性能、全相参、脉冲压缩、频率捷变的海用雷达，除了具有战斗用功能外，还具有搜索救援、气象回避等辅助功能；"超级搜索者"（Super-Searcher）海上监视雷达，适合于海上搜索、营救和反潜战等应用。

海洋雷达发展
历程回顾

防空雷达上的"不明干扰"

　　20世纪四五十年代，人们发现在海岸担任探测和警戒任务的英国防空雷达总是受到来自海面不明原因的"干扰"，并且这些干扰在雷达回波谱中呈现较高的峰值。这些峰值对应的不仅不是实际的目标，有时候还干扰目标的侦探，在特殊情况下，甚至将目标淹没在峰值中，致使这些防空雷达无法正常工作。1955年，Crombie关注这一现象，并且进行了实验研究，他用13.56兆赫电磁波照射海表面，发现两个有趣的现象：第一，在海洋回波谱中总会有两个比较高的峰，并且这两个峰出现在0.38赫和0.54赫这两个固定位置；第二，雷达回波多普勒谱带宽很小。经过进一步研究，他发现"数十米波长的电磁波与海洋表面的相互作用，海浪的作用与X射线布拉格散射中原子晶格的作用相同，将使电磁波产生布拉格散射现象"。基于这些发现，他证实了那些干扰是波长等于无线电波波长一半、传播方向平行于（接近或远离）雷达发射波束方向的海浪与无线电波"谐振"散射所产生的回波。

Crombie的研究揭示了上述"干扰"的物理来源，同时使利用雷达超视距探测海面状态成为可能。1968—1972年，在NOAA工作的D. E. Barrick进一步定量解释了海面对无线电波的一阶散射和二阶散射的形成机制，为无线电监测海洋表面动力学状态建立了坚实的理论基础。Barrick和美国国家海洋与大气管理局电波传播实验室（EPL）经过十多年理论和实验研究，于19世纪70年代末研制成功用于探测海洋表面状态的CODAR（Coastal Ocean Dynamics Application Radar）系统，并于1983年成立CODAR公司，实现了海洋高频地波雷达的商品化。此后，英国、美国、日本、加拿大、德国、澳大利亚等多国相继进行大量地波雷达探测海洋动力学参数的实验研究，取得了举世瞩目的成果。其中发展比较完善、已经在环境监测中发挥重要作用的地波雷达典型代表有美国CODAR公司研制的以交叉环-单极子天线为特点的便携式商业化产品SeaSonde系统，美国ISR公司研制的多频率高频地波雷达，英国Marconi公司研制的以小口径相控阵天线为代表的OSCR（Ocean Surface Current Radar）系统，德国汉堡大学研制的WERA（WEllen RAdar）系统及我国武汉大学海态实验室研制的OSMAR（Ocean State Measuring and Analyzing Radar）系统等。近年来，随着雷达技术的进步，用于海洋监测的新体制高频雷达及其应用得到较为广泛的关注。

如前所述，无线电波朝海面发射时，在海水表面会存在电磁波的地波传播模式，地波属于表面波（surface wave）的一种，因此高频地波雷达也称为高频表面波雷达（HF surface wave radar）。在中波和短波段海水表面的地波传播衰减很小，而且地波在一定程度上会沿着弯曲的地球表面传播，到达地平线以下很远的地方，即实现超视距传播。地波超视距雷达探测距离根据发射功率和频率的不同通常可达到100~400千米。高频电磁波作用范围广、受自然环境影响小等优势，使得地波超视距雷达具有覆盖范围大、全天候、实时性好、功能多、性价比高等特点。

目标探测是高频地波雷达的主要功能之一。在军用领域，高频地波雷达以远距离目标预警能力为主要目标，其典型代表有英国的"监督员"系统、俄罗斯的"向日葵"系统、加拿大的SWR-503系统以及我国哈尔滨工业大学研制的地波雷达系统。它们的特点是宽频带、大发射功率（达数百千瓦）、大接收天线阵（阵长数百米到数千米），单部雷达就具有较强的目标探测能力。该类设备的缺点是系统过于复杂，研制成本高昂，机动性和隐蔽性差，需要较强的保障条件，难以大规模推广部署。

民用领域高频地波雷达的目标检测功能目前处于研究试验阶段。民用高频地波雷达发射功率低，一般为几十瓦到百瓦级。天线阵列小，阵长一般小于100米。目标探测距离和方位分辨率目前还无法与军用高频地波雷达相比，目标检测概率和虚警率不能满足实际应用的需求，但随着高分辨率空间谱估计技术的发展以及抗电离层干扰技术的创新，民用高频地波雷达对于200千米以内海面目标的探测与跟踪具有很好的应用前景。

海洋动力学参数（海面风、浪、流）的探测是高频地波雷达的另一种主要用途。目前国际海洋界已普遍接受高频地波雷达能有效探测流场的观点，国内外主要地波雷达的海流探测已达到可用于常规业务化海洋观测的水平。在海浪、风场参数的探测方面，高频地波雷达处于研究开发阶段，与实际应用尚有一定的距离。主要困难在于提取海浪和风场参数所依据的回波信号比较弱（比海面的布拉格散射回波低20~40分贝），容易受噪声和干扰的影响，相应的反演理论和技术也处于研究探索阶段。

民用高频地波雷达主要有两种天线阵列体制：小阵列式和紧凑便携式。前者阵长几十米到数百米，如德国的WERA、英国的OSCR和我国的OSMAR阵列式系统，后者如美国的SeaSonde。两者都可以实

现海流的探测，紧凑便携式最大的优点是对阵地的要求低，安装适应性强，但阵列式雷达探测精度明显优于紧凑式，这是由基本的天线探测理论所决定的。从国内外主要设备功能上看，阵列式地波雷达能提供大面积风、浪结果分布，而紧凑式天线系统不能提供大范围风、浪参数的分布信息。

按照高频地波雷达平台所处的位置划分，地波超视距雷达又分为：岸基超视距雷达和海上平台基超视距雷达两种。岸基雷达固定在海岸边，全天候探测海面，由于受雷达位置的限制，其探测距离和雷达平台的灵活性较差。安装于舰船、石油钻井平台和浮标等上面的超视距雷达称为海上平台基超视距雷达，这类雷达突破了海岸线的限制，提高了雷达安装、资源配置和工作方式的灵活性，能充分发挥超视距雷达的优势，通过雷达组网探测能进一步提高雷达的探测效能。

除了高频地波雷达，微波段雷达也常用于对海探测，X波段测波雷达是其中的典型。利用X波段雷达海杂波信号获取海浪信息的研究，可追溯到20世纪60年代。1965年，F. F. Wright 从X波段雷达图像直接进行海浪传播方向和波长的判读，开启了利用X波段雷达观测波浪的研究。随着电子技术和计算机技术的发展，加速了X波段雷达在海洋遥感中的应用。到目前为止，利用X波段雷达图像获得波、流参数的反演算法思路，主要来自利用卫星图像资料分析波浪和海流的理论。1983年，F. Ziemer和W. Rosenthal对雷达图像应用二维傅立叶变换获得波数能量谱，并利用波数谱估算了海浪参数，同时与现场观测资料进行了比对，证实了X波段雷达应用于海洋遥感的能力。同年，I. R. Young等将三维傅立叶方法应用于雷达图像序列，他们的工作奠定了运用波谱分析方法从雷达图像获取海浪参数的方法基础。

近十多年来，X波段测波雷达已成为近岸海洋表层波浪等海洋动力环境要素观测的重要手段之一。测波雷达硬件一般直接改装自现成的船舶导航雷达，这是该项技术产品迅速发展的一个重要原因。国际

上最具代表性的产品分别为德国GKSS研究机构研制的WaMoSII系统和挪威MIROS公司开发的WaveX系统。从20世纪80年代开始，德国GKSS实验室一直致力于研究基于X波段雷达波流监测系统，经过十几年的试验开发，直到1995年研制成功了商业化的浪流监测系统WaMoS（Wave Monitoring System）。2000年以后，该系统在许多方面做了改进，形成了第二代产品WaMoS Ⅱ。挪威MIROS公司也研制了类似的浪流监测系统WaveX（Marine Radar Wave Extractor），并在1996年开发形成商业化产品。WaveX也具有和WaMoS Ⅱ相同的功能，可以获得波、流参数。此外，美国、日本、丹麦、荷兰、意大利等国也在从事利用X波段雷达进行海洋监测的研究。WaMoS Ⅱ和WaveX系统已经形成了包括岸基、船用、海上平台等多种安装运行方式，其中船用WaMoS Ⅱ和WaveX系统在岸基系统的基础上融合GPS、陀螺仪、风速传感器等采集到的数据进行数据处理和反演，已得到较为广泛的应用。我国X波段测波雷达技术的研究起步相对较晚。"十五"期间，国家有关科技计划分别启动了"基于标准X波段雷达的波浪遥测技术"预研课题和"X波段雷达海浪探测技术"课题，突破X波段雷达的海浪场和海面流场提取关键技术。国内相关科研机构如国家海洋技术中心、中国科学院海洋研究所、中国海洋大学，哈尔滨工程大学，电子科技大学和武汉大学等单位，目前已系统掌握了X波段/S波段测波雷达系统改造、集成技术以及海洋动力学参数反演方法。X波段测波雷达下一步的发展主要集中在相参体制的应用、多极化探测的理论与方法、船载应用技术以及新型动力学参数反演方法等方面。

来自海浪的雷达回波

高频地波雷达探测海况的机理类似于晶格对X射线的布拉格散射。雷达发射的电波与不同位置的海浪相互作用，其散射回波就会有不同的相位，导致这些散射回波有的相互干涉加强，有的相互抵消减弱。哪些散射回波会加强，哪些会减弱，这是理解雷达探测海况原理的关键。如图3-7所示，从左上方入射的两条射线（相同波源）被原子散射，在特定的观察方向上，如果两条射线的波程差为波长的整数倍，那么将会观察到亮条纹；如果波程差为半波长的奇数倍，那么两射线能量相消，观察到的是暗条纹。

单列正弦海浪对电磁波的后向散射与此类似（图3-8），从左上方入射的电磁波被正弦海浪散射，观察方向与入射方向相同，类似于X射线布拉格散射的道理，当$L\cos\Delta=\lambda/2$时（此时相邻射线的相位差为2π），会观察到增强的散射。

真实的海面不会是简单正弦波列，但是可以用类似于傅立叶变换的方式把一个真实的海面分解成为千千万万简单正弦波列成分的叠加（图3-9），这些正弦波列有不同幅度、周期、初相和传播方向。那么这无数列正弦海浪成分是否都对电磁波产生散射呢？当然都会！但

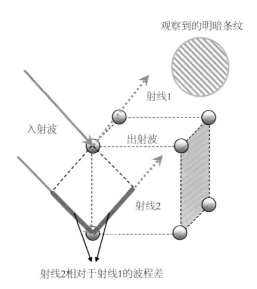

图3-7　原子晶格对X射线布拉格散射示意图

是并非所有的成分都产生相同的贡献，贡献最大的海浪成分还是那类正弦波列，即满足$L\cos\varDelta=\lambda/2$并且波矢量方向位于电磁波入射平面内的正弦海浪。对于岸基单站雷达探测，满足$\varDelta=0$，即$L=\lambda/2$，也就是波长等于雷达电波波长一半的海浪会对电波产生最强的后向散射，而且满足布拉格谐振的海浪只会有两个传播方向：要么接近雷达，要么背离雷达。

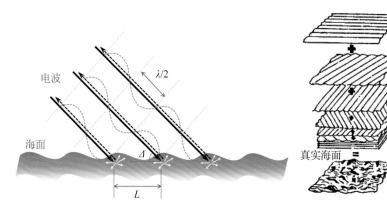

图3-8　单列正弦海浪对电磁波的后向散射

图3-9　真实海面可看成无数简单正弦波列成分的叠加

　　海面上满足上述条件的海浪总是存在，因此雷达总可以收到较强的海面回波。运动的物体可以对入射波产生多普勒效应，电磁波照射到动态的海面上时，回波也会由于多普勒效应而产生相对于雷达发射频率的偏移。海洋监测雷达就是根据这种多普勒效应，获取多普勒谱，从而实现海态参数信息的探测。

　　图3-10展示了从回波谱中获取海流信息的基本原理。图3-10（a）表示的是发射信号的频谱，它就是位于零频（即载频）上的一根谱线。电波被海浪散射后，上述两个方向布拉格谐振海浪的相速度会使散射波产生正负对称的多普勒频移，如图3-10（b）所示。如果海面上还存

在海流，海流会使散射回波进一步产生一个附加的多普勒频移，与海浪相速度所导致的正负对称频移不同，海流会使正负散射谱线发生同向频偏，偏移的程度与雷达观测方向上海流速度分量的大小成正比，如图3-10（c）所示。根据这个原理，结合雷达信号处理方法可以分

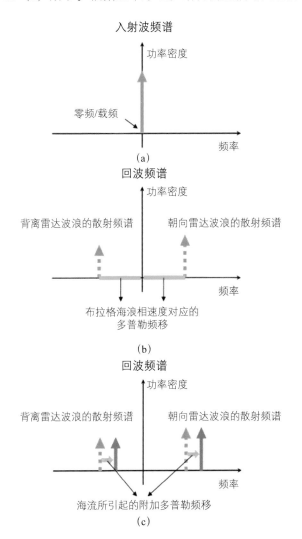

图3-10　岸基地波雷达海流探测原理示意图

析提取出海流的这个分量。如果有另外一个雷达站或其他方法获得海流其他方向的分量，那么就可以计算出海面上海流矢量的大小和方向，这就是超视距雷达探测海流的基本原理。

通常海洋超视距雷达属于宽波束雷达，就是雷达发射的电磁波覆盖海面的方位扇角很大。在这个大面积的海域中流场的分布一般比较复杂，即不同方位上的海流在雷达观测方向上的速度分量不尽相同，那么它们对布拉格散射产生的附加多普勒频移也会不尽相同，表现出来就是在回波谱上看到的左右布拉格峰不是两根谱线，而是左右各自两个展宽了的谱峰。谱峰的展宽还与信号长度的截断以及傅立叶变换中为抑制旁瓣所应用的窗函数有关。

波浪对电磁波的散射以上述布拉格谐振散射为主（一阶散射），同时还存在被称为二阶以及高阶散射的复杂散射机制。回波的二阶谱分量包含的信息量丰富，可以进一步从中获得有关波浪方向谱和风速等信息，风向则是通过用风浪方向谱模型拟合一阶谱左右谱线的相对高低获得的。

海洋超视距雷达均为相参性雷达。相参性雷达是指雷达系统的发射信号、本振电压、相参振荡电压和定时器的触发脉冲均由同一基准信号提供，在一次观测的持续时间内这些信号之间均保持确定的相位关系（即相位相参），这种雷达系统称全相参系统。相参性体制的系统能提供一个稳定的发射初相，使得它不仅可以测量幅度调制信息，还可以测得频率调制信息，从而进行多普勒信息提取。根据提取的多普勒频率信息可以进行一系列测量和处理，如运动目标的速度测量、地物杂波抑制等，在进行海洋探测时可以获取海洋表面流场等信息。相参雷达具有较高的距离和速度分辨力，是对动目标进行分析如侦察探测、跟踪等的主要手段。

与相参性雷达相对应，非相参性雷达指发射信号与本振信号的相位不具有一致性，或者说不具有关联性，各自单独产生。非相参系统只能利用目标回波的幅度来直接发现目标和测量目标的空间位置，目前广泛应用的X波段导航雷达以及由此发展出的测波雷达多采用非相参体制，其优点是成本低廉，便于推广应用。随着电子器件水平的提升，非相参体制已逐渐为相参体制所取代。

与常规雷达相似，地波雷达也主要由三部分组成：发射设备、接收设备以及软件系统。其中发射设备包括发射机和发射天线，接收设备包括接收机和接收天线，软件系统负责处理数据，显示整理数据结果。以OSMAR系列高频地波雷达为例，发射信号采用线性调频中断连续波（FMICW），接收天线利用8根天线，收集8路信号，收集到的数据经过软件系统处理，便可以输出雷达作用范围内的海流、海浪和海风等信息。

雷达探测目标最关心的就是目标的距离信息、方位信息以及多普勒信息，即相对速度信息。地波雷达采用FMICW最大优势就是提高距离分辨率、增加雷达作用距离。线性扫频信号分为上扫频和下扫频。以下扫频为例，发射信号频率和时间满足线性关系，不同的时间对应不同的频率。同理，雷达回波延时（发射信号与回波信号时间差），就对应着不同的频率差。雷达测距的原理就是利用雷达回波时延，现在通过FMICW波形信号，能够将时延信息转化为频率信息。因此，对回波信号进行相干解调后，通过傅立叶变换即可得到回波的距离谱信息。

地波雷达采用多元天线，每个天线收集一路信号。通过这多路信号可以判别来自海平面内的各个方向回波信息。有两种方式获得回波方位信息：空间谱估计技术和数字波束形成技术。前者通过区分回波中的信号子空间和噪声子空间的方式，或通过满足某种信号空间特性的特殊阵列构形分析估计回波的方位；后者通过对各路收集信号进行数字加权，增强某一回波方位的信号，同时削弱其他方位信号的方式，获得指定方位上的回波信息。

物体相对雷达运动，便会对雷达信号产生多普勒效应。如果对运动物体多次重复采样，在采样的过程中，物体的运动会造成回波的多普勒频移，因此如果对回波信号进行频谱分析，便可以得到任一指定距离单元的多普勒谱。

高频地波雷达系统信号流程，首先发射天线发射FMICW信号，8阵元接收天线对回波信号采样，然后对信号第一次快速傅立叶变换（FFT），获得目标距离信息，接着进行多次重复采样，之后进行波束形成获取一定方位一定距离单元的多次采样信息，最后进行第二次快速傅立叶变换，就可以得到相应目标多普勒谱。

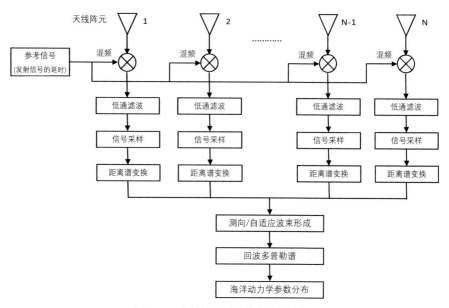

图3-11　高频地波雷达接收信号流程

如前所述，地波雷达回波多普勒谱主要分为两部分：一阶散射回波谱和高阶散射回波谱。由于海洋回波强度随着散射阶数的增高急剧减小，所以在分析高阶散射时候主要研究二阶散射，其他高阶散射忽略不考虑。高频无线电波与海浪的二阶作用机理主要有如下三种情况。

第一种情况，对于平行于雷达波束方向传播的海洋波浪，所有波长为$\lambda/2$整数倍的海浪均含有波长为$L = \lambda/2$的基波成分，因此，波长为λ的高频无线电波不仅与波长为$\lambda/2$的海浪产生布拉格谐振，而且也能与波长为$L=\lambda$，$3\lambda/2$，2λ，……的海浪中的$\lambda/2$基波产生布拉格谐振，形成高阶海浪回波，对应的回波多普勒频率分别为$\sqrt{2}f_B$、$\sqrt{3}f_B$、$2f_B$等（f_B为布拉格谐振海浪对应的多普勒频移）。

第二种情况，海浪的传播方向与雷达波束方向不一致，但若两列海洋波的传播方向互相垂直（或称为正交），则雷达发射的高频电波与第一列海浪作用，在一定入射角度下，无线电波由海浪"波阵面"产生"镜面"反射。该"镜面"反射产生的散射无线电波与第二列海浪再次作用产生"镜面"反射，其反射回波沿雷达波束方向传播被雷达接收机接收，形成连续的二阶谱。这一反射过程称为"角反射"过程。当两次"镜面"反射都满足布拉格谐振条件时，海浪回波谱将出现尖峰，其频率为$f = 0$或$f = f_B$。

第三种情况，若在海面上存在两列交叉（不一定正交）传播的海洋波，根据海洋动力学理论，两列海洋波相互作用产生第三列暂态海洋波。新产生的海洋波沿雷达波束方向传播并与雷达高频电波作用，若二者满足布拉格谐振条件，则布拉格谐振散射产生的无线电回波被雷达接收，形成连续的二阶谱。

从二阶散射的三种成因，可以看出二阶回波谱主要分布在布拉格频率两侧。在雷达回波多普勒频谱中表现为两座相对谐振频率近似对称的小山。如图3-12所示，红色区域为一阶散射回波谱区，绿色区域为二阶散射回波谱区。

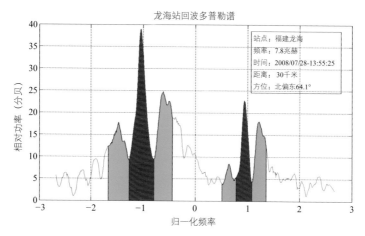

图3-12　高频地波雷达实测海洋回波谱

高频超视距雷达探测海洋利用的是电磁波与海面波长较长的重力波之间的谐振,那么自然可以想到,如果利用能够与海面张力波产生谐振的电磁波照射海面,应该也能获取海面的相关信息。事实上微波雷达早已应用于海洋观测中了,X波段测波雷达就是其中的典型。

实验表明,X波段雷达电磁波的海面散射机理比较复杂,单一用布拉格散射机理已经不能完全描述。X波段海面散射不仅仅包含了毛细波的散射,还有重力波的贡献。比较符合实际的散射模型是双尺度散射,即毛细波叠加在重力波表面上,毛细波对电磁波产生布拉格散射,该散射同时也为大尺度重力波所调制。岸基或船基X波段雷达接收到的海面回波主要受到4种与波浪有关的调制作用:阴影调制、倾斜调制、流体动力学调制和轨道调制。

阴影调制:由于X波段雷达电磁波入射到海面时,与海面之间的夹角很小,几乎接近于平行。由于海表面的起伏,波面较高的位置将会遮挡其后方的海面,从而造成电磁波照射不到被遮挡区域的海面。

倾斜调制：由于波长较长的重力波的存在改变了雷达对布拉格共振波长的毛细波粗糙度响应方式。这种作用的主要原因是重力波使散射面元的法线方向产生变化，从而导致入射角的变化而引起后向散射截面的改变。倾斜调制是一种纯几何效应，这种调制作用最明显的应该是那些沿着距离方向上传播的波浪。而且，当波面朝向雷达时后向散射最强，背离时最弱。

流体动力学调制：这种机制是由于表面布拉格波的振幅受长重力波相位的调制。海表面并不是由叠加在长波上幅度均匀的短张力波构成的，而是长重力波调制短张力波的幅度。长波改变海洋表面，生成汇聚区和发散区，在长波浪波峰附近，短波的波动振幅随着汇聚表面速度场在波浪上升边缘上的推移而增加，而波谷附近的波动振幅相应地减小。正是这种长波与短波的流体力学相互作用，使长波对短布拉格散射波的能量和波数产生非线性调制作用。

轨道调制：倾斜调制和流体动力学调制只是改变返回电磁波的强度（或能量），而不改变电磁波的频率，因此，通过这两种调制，不会导致目标点在雷达图像上位置的移动。成像作用的非线性主要体现在由于长波轨道速度的影响导致目标在雷达图像上的错位。长波浪的轨道速度会使产生散射的面元产生上下的运动，这个上下的运动速度会改变目标的多普勒频移，从而改变目标在雷达图像中的位置，这种错位取决于长波的轨道速度大小。

由此可见，X波段测波雷达图像包含着丰富的海浪信息。根据上述成像机理，通过对雷达图像进行谱分析，结合图像谱和海浪谱的对应关系，可以用雷达图像反演得到海浪的统计参数。利用X波段测波雷达进行海洋监测具有便捷、可靠、经济、实时和分辨率高等特点，已经被越来越多的海洋学家和海洋监测管理部门所重视。

海洋雷达能"看"到些什么

从海洋环境监测的角度，海洋雷达通常用于提供海面流场、浪场和风场的信息。下面介绍海洋雷达对于这几个主要要素的观测原理和方法。

海流的观测

前面已经介绍了高频雷达海洋回波多普勒谱的成因，那么如何从回波谱中提取海流信息呢？下面首先介绍雷达测向的基本方法。

雷达主要通过两种方式获取目标的方位。第一种方式是让雷达定向发射或定向接收电磁波，并且让发射/接收波束在空间方位上扫描，那么目标所在方位就表现为回波功率最大的那个方位，这种方式要求雷达天线或天线阵列的尺度远大于电磁波波长，以便能够形成所需要的雷达波束。第二种方式是先在雷达回波中检测出目标信号，然后分析目标信号到达雷达不同天线单元的时间差，推算出目标的方位。第二种方式所依据的原理是：不同方位的来波到达不同天线位置所用的时间不同，因为时间差可以转化为电磁波的相位差，因此在实际雷达系统中，并不直接测量这个时间差，而是分析来波到达不同天线时的相位差，从而根据几何关系推算出来波的到达角。

对于探测距离可达一两百千米的海洋超视距雷达，由于电波波长为10米量级，天线阵列不可能设计得过于庞大，因此通常采用上述第二种方式估计携带海流信息的回波信号的到达角。首先从雷达回波的多普勒谱中区分出左右两个一阶谱区，谱区的谱点对应不同的海流径向速度（即海流流速在雷达观测方向上的投影分量）。对于每一个包含流速信息的谱点，因为它很可能包含有几个不同方位上海流的信息（即几个不同方位上海流的径向分量恰好相同），那么需要根据信息论的相关准则估计出它所对应的海流个数。然后可应用空间谱估计方法（即上述第二种方式）估计出该谱点所包含的几个海流的方位，常用的空间谱估计方法有多重信号特征法（MUSIC算法）和旋转子空间不变算法（ESPRIT算法）等。这个处理流程对每个一阶谱区的谱点都做一遍，即可获得该距离门上径向流随方位的分布，处理完所有雷达距离门的多普勒谱后就能得到雷达照射海域上的径向海流分布图。

矢量海流图的获取至少需要两部雷达同时观测，将两站得到的径向海流按矢量投影的原则进行融合归并，即可得到矢量海流的分布。

X波段测波雷达探测沿岸几千米内的平均波浪参数和平均海流。X波段雷达天线每一秒多的时间即可完成对海面的一次全方位扫描，获得一幅回波图像。通过对连续多帧回波图像序列进行"空间–时间"三维傅立叶变换，得到回波的波数–频率谱，该谱可以通过一个经验性的传输函数转变为海浪的波数–频率谱，它与静水中波浪的色散关系相比有一个整体的非线性偏转。这个偏转就是由海流所引起的，可通过最小二乘法拟合得到海流的大小和方向。可以看出，与超视距雷达不同的是，单站X波段测波雷达即可探测得到矢量流，单站超视距雷达只能得到径向流。

海浪的观测

超视距雷达的二阶谱中含有丰富的波浪方向谱信息，依据Barrick所建立的高频雷达海浪散射截面方程即可从中反演出波浪方向谱。然而在实际工程应用中，波浪参数的反演难度比海流的提取大很多，主要原因在于：①回波二阶谱强度弱，通常比一阶回波低20～40分贝，容易被噪声所掩盖；②二阶谱区较宽，海上船舶等目标通常落在二阶谱区，容易对波浪的反演形成强干扰；③海流较大时一阶谱的展宽较大，往往会与二阶谱混叠，影响反演的准确性；④Barrick的二阶散射截面方程是一个非线性积分方程，没有直接的解析方法可以反演求解，只能通过一些近似处理将其线性化之后再进行反演，这个过程

往往引入较大的误差。目前比较成熟的海浪反演算法有Barrick算法、Howell算法、ART算法等。反演流程一般为首先用一阶谱对二阶谱信号进行归一化，然后通过近似线性化处理，结合数值算法进行方程的离散化，即可从得到的线性方程组中反演出波浪方向谱。由于二阶谱信号易受噪声和干扰的影响，其信息往往不足以对求解形成完全的约束，此时需要引入某种先验的波浪信息，使得方程的解能够稳定收敛。得到波浪方向谱后，进一步可以得到有效浪高、平均浪周期等。

对于X波段测波雷达，如上面所述，通过对回波的图像序列进行三维傅立叶变换等处理，可以得到波浪的波数–频率谱，进而可以得到波浪方向谱等信息。由于X波段雷达回波没有定标，所得的波浪方向谱中包含有一个未知的系数，即有效波高不能直接从雷达图像中得到，目前普遍采用的方法类似于从卫星合成孔径图像反演有效波高的方法，利用波数–频率谱中的信噪比结合经验模型推算出有效浪高。最近出现了几种新的X波段雷达波浪反演算法，如正交经验模态分解法（EOF方法）以及利用相参雷达测量波浪的轨道速度反演波浪参数的方法等。

海风的观测

根据前述超视距雷达多普勒谱形成原理可知，如果海风吹向雷达，就会使朝向雷达的海浪增大，雷达回波正一阶峰就会增强；同理海风远离雷达，就会使背离雷达的海浪增大，雷达回波负一阶峰就会增强。既然雷达回波谱中的左右一阶峰分别对应背离雷达和接近雷达的布拉格波长海浪散射，那么左右一阶峰的强度之比就等于这两种海浪功率谱密度之比。对于风浪而言，其方向谱的最大值沿着风向，随着与风向的夹角增大，波浪的功率谱密度逐渐减小，减小的快慢可由风向扩展因子来描述。对于一个具体的海面散射面元，可以根据这个原理，由邻近面元上左右一阶峰之比的变化利用最小二乘法拟合出风向。具体计算中需要采取一些数据质量控制措施防止风向模糊性的出现。风向模糊性是指相对于雷达波束左右对称方向的风向，形成的雷达回波谱中左右一阶峰之比完全相同，因此，仅根据一个雷达散射面元中的一阶峰信息很难消除这种模糊性。通常是利用邻近面元中左右一阶峰之比的变化来消除风向模糊性，或者与矢量流探测类似，利用两个雷达站对同一面元进行探测，可很好地消除风向模糊性。

风速的反演依赖于海浪的反演，从二阶谱中得到波浪的方向谱后，提取其中的风浪谱，即可根据风速与有效波高的关系得到风速。然而这种方法得到的风速误差较大，部分原因是回波二阶谱弱、易受干扰，另外的原因还包括：①海面风往往是非平稳的，超视距雷达通常的观测时间是十多分钟，无法得到风场的非平稳特征；②不同波长的海浪对同一风速的响应过程不一样，通常都有一个滞后，波长越长的海浪，其响应滞后越多，而超视距雷达观测的是海浪，因此雷达测风经常表现出"慢半拍"的现象，雷达工作频率越低，探测结果显得越迟钝。近来一些新的风速反演经验模型能够改善这种现象，另外通过多频率雷达的探测，一定程度上也可以提高风的反演性能。

X波段测波雷达可以采用类似的思路，从反演的波浪方向谱中分离风浪和涌浪的影响，从风浪谱中可进一步获得风向和风速信息。

各国的海洋雷达网

美国的全国岸基地波雷达海洋监测网从2003年开始建设，规划建成351个地波雷达站。目前已经完成100多部雷达站的建设，覆盖包含夏威夷在内的美国主要海岸线。该雷达网以监测沿岸流场为主，由远、中、近3种量程的地波雷达系统组成，典型探测距离分别为150千米、70千米和30千米。所使用的雷达包括阵列式天线雷达和采用交叉环/单极子天线的便携式雷达，从工作方式上分为自发自收的单站型雷

达和基于GPS同步的组网式雷达。雷达的选型和选址能够保证重要的近岸/近海海域处于两部以上的雷达共同覆盖范围之内。作为美国"海洋综合观测系统"（Integrated Ocean Observing System，IOOS）的一部分，该雷达网又分为几个区域性的地波雷达网，如东海岸的"中大西洋高频雷达网"和西海岸的"加州高频雷达网"等，主要功能是提供海洋安全信息、海洋经济决策支持、海洋水质监测以及为沿岸防灾减灾服务等。另外，有关机构也在研究利用该雷达网开展沿岸航运管理和目标监测方面的研究。

1986年，日本信息与通信研究所（NICT）开始研发地波雷达，1988年观测到海洋布拉格回波。日本早期自研的地波雷达系统的最大特点是采用了相控阵发射波束形成技术，新近研发的地波雷达则采用接收相控阵的形式。日本政府分配了5个短波频段供地波雷达海洋监测使用，到2012年日本建成了一个由49部雷达构成的地波雷达海洋监测网（包含10部可快速部署的车载雷达系统），其中29部为阵列式地波雷达，另外20部为引进美国CODAR公司的交叉环/单极子天线的便携式雷达。日本的全国地波雷达网由13个区域雷达网组成，每个区域雷达网包含2～7个雷达站。13个区域雷达网分别位于：宗谷海峡、北海道纹别海岸、东京湾、伊豆群岛、相模湾、伊势湾、美川湾、熊野海岸、大阪湾、纪伊水道、有明海、对马海峡和冲绳等地。日本地波雷达网的关键功能之一是对海啸和海底地震的预警及监测。与地波雷达有关的研究及开发机构包括上述NICT、三菱电力公司、长野日本无线电公司、九州大学、琉球大学和北海道大学等，日本每年在九州大学应用力学研究所举办一次与高频雷达海洋监测理论、技术和应用有关的全国性工作会议，海洋学者、雷达专家、技术人员和雷达用户利用此次会议探讨雷达相关问题，交流经验和使用体会。

澳大利亚沿岸海洋雷达网（the Australian Coastal Ocean Radar Network, ACORN）目前完成了12个地波雷达站的建设，其中8个是德国WERA阵列式地波雷达，4个是美国CODAR雷达，另外还有1个可移式甚高频（VHF）雷达。ACORN提供的观测产品不仅包括流场，还包括风场和浪场分布信息，同时，为了便于进行数据质量控制，ACORN的数据产品中有数据质量等级标识。

目前整个亚洲约有130部海洋观测用的地波雷达。除了日本外，韩国引进25部美国CODAR高频地波雷达，构建了韩国岸基高频雷达网。东南亚、西亚诸国均在规划和建设各自的地波雷达网，其中菲律宾已购买10部阵列式地波雷达，泰国已经建成了十多部由CODAR便携式地波雷达和X波段测波雷达组成的监测网，印度尼西亚国家气象与地球物理局规划的高频雷达网正在建设中，海啸预警和监测是其主要任务。

欧洲地波雷达海洋监测网（EROON）的骨干节点正在建设过程中，计划将西班牙、法国、英国、德国、土耳其等国的高频地波雷达站综合成统一数据格式的雷达网。西非海岸的地波雷达网目前正在规划论证中。

1987年，中国开始研究用于海洋监测的地波雷达；1993年，武汉大学研制出国内第一台海态监测与分析雷达（OSMAR），并在广西北海获得实测海洋多普勒回波谱，提取的海流随时间的变化符合当地潮汐规律。1997年，国家"863"计划对高频地波雷达立项支持，武汉大学于2000年研制出海流探测距离可达200千米的中程高频地波雷达系统。此后在"863"计划的持续支持下，国内研制出了系列高频地波雷达产品，涵盖不同探测距离、不同天线形式（阵列式和便携式）、

图3-13 我国OSMAR中程高频地波雷达的天线阵和雷达机柜

不同体制（中频数字化和全数字化）以及不同工作方式（单站型雷达和组网型雷达）等，使中国系统掌握了海洋监测用地波雷达技术及其知识产权。多次海上对比验证试验结果表明，国产高频地波雷达在海流探测方面已居国际一流水平，具备业务化运行的能力，在风、浪等要素的探测方面与国际水平的差距也正在迅速缩小。

中国在高频海洋超视距雷达技术方面比较有特色的工作是建设了国际上第一个天地波混合组网的海洋雷达试验网。该雷达体制结合天波、地波各自的优势，利用天波传播距离远、地波传播路径较稳定的特点，把雷达的探测能力向远海拓展，同时也有利于近海精细化观测。图3-14是超视距雷达天地波一体化混合组网探测示意图。

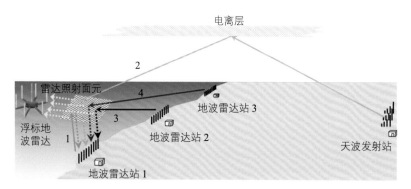

图3-14　超视距雷达天地波一体化混合组网探测示意图

海洋雷达发展方向：
以高频地波雷达为例

地波雷达的技术特点

高频地波雷达利用短波无线电波地波传播模式衰减小的特性获得超视距、大面积和全天候的海洋环境监测能力。从20世纪70年代开始发展，地波雷达海洋探测技术从20世纪70年代开始发展，四个重要的认识和技术进展构成了其广泛应用的基础：①高频无线电波与海洋粗糙面相互作用理论的建立；②海流流场的空间–时间缓变特性使得小型化天线（阵）可以应用于海流探测，避免了传统超视距雷达需要数百米至数千米庞大天线阵地的情况；③高分辨率空间谱估计技术的出现大大提高了海流探测的准确性；④组网探测技术的发展促成美国、欧洲、日本、澳大利亚等国家和地区已经或正在构建沿海岸的地波雷达网。

2000年之前地波雷达工作主要集中在理论研究、关键技术突破、设备研制和探测性能评估等方面。进入21世纪后，以2001年首届国际无线电海洋学工作会议（Radio Oceanography Workshop，ROW）为标志，高频雷达开始为越来越多的物理海洋学家所注意，

有关其海洋应用的研究成果呈现出快速增长的趋势。从2003年美国加州政府批准建设沿海高频地波超视距雷达网络开始，美国和欧洲的多个海洋环境监测计划中均将高频地波超视距雷达组网作为关键建设任务。目前，全世界大约有近400部高频地波雷达在沿海地区运行。雷达观测数据也已经进入相关国家海洋观测数据库，在海洋环境动力研究、海洋环境监测与保护、海洋预报、军事海洋等方面发挥了重要作用。

地波雷达主要技术包括：雷达接收机技术、天线技术、信号处理技术、数据反演技术、多站/多频同步组网技术、电波环境和传播信道特性的预测技术等。地波雷达研究热点包括：①雷达组网技术，美国、欧洲、澳大利亚、日本、韩国、东南亚及西亚部分国家已经建成或正在建设覆盖全部岸线或重点海岸的地波雷达网；②天地波一体化海洋观测技术，美国、俄罗斯、法国和中国均在开展相关的试验工作，目的是将雷达监测的范围扩展到离岸1 000~2 000千米的海域；③机动平台地波雷达技术，采用新体制小型天线以实现车载、船载地波雷达，配合天地波一体化混合组网观测技术，实现对突发事件海域的快速、应急监测；④数据融合和同化技术，配合雷达组网技术，将多站探测信息进行融合，并与海洋数值模型同化，将雷达探测信息加工转化为适用于各种应用的格式。

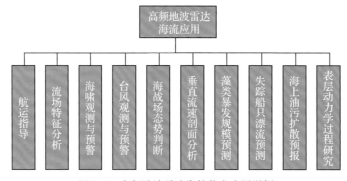

图3-15　高频地波雷达海流信息应用举例

100

高频地波雷达可按照不同的属性分为多种类型。按照探测距离或工作频率，可分为远、中、近程地波雷达；按照同时工作频点的个数，可分为单频和多频地波雷达；按照天线的类型，可分为阵列式和便携式地波雷达；按照工作方式，可分为单基地和多基地地波雷达、主动式和被动式地波雷达等。高频地波雷达观测的数据具有覆盖面积广、时空分辨率高等特点，这一优势使得对于海洋过程的研究在时间变化和空间分布上更加细致，使得其对区域性海域能够保持较为完整的观测，能够连续地获得区域海域较完整的风、浪、流时空变化信息，极大地推动了近海区域海洋环境特性的研究。

地波雷达的应用特点

地波雷达遥感能够获取10平方千米量级空间分辨率、10分钟时间分辨率的海洋要素分布，是对卫星遥感数百到数千平方千米空间分辨率、数小时到数天时间分辨率的重要补充。我国部分海域已经积累了超过10年的地波雷达海洋观测数据，部分参数（如海流）的探测精度居国际一流水平，对近岸水域动力学监测、大洋环流理论、近海动力过程、海浪和潮汐、海气交换通量以及海洋数值模拟与同化等物理海洋学关注的主要问题研究能提供重要的观测数据支撑。通过高频地波雷达对海洋表层海流、海风和海浪的长期观测，可以确定研究海域海洋动力过程的基本规律以及异常事件的变化特征，尤其在认识区域海流特征方面取得了大量成果。地波雷达对中小尺度海洋动力学过程的表现具有高时间分辨率和高空间分辨率的特点，对大面积流场时空特征的调和分析研究已经广为开展。另外也开展了对剖面流的地波雷达与卫星的联合观测、表面热通量的日变化对Ekman流季节变化影响的研究，地波雷达长期观测揭示全球气候变化趋势的研究，海平面异常的地波雷达观测研究，海面电导率和温度的地波雷达反演观测研究，潮间带、浅滩构造和动力特征的地波雷达研究等。近年来，高频地波雷达风、浪探测能力的突破推动了台风观测与研究、海啸预警等海洋科学研究。

目前，国际上部分发达国家已经建立了高频地波雷达海洋观测网络，并实现了业务化运行，为海洋观测、气象灾害预报、防灾减灾等提供了服务。高频地波雷达技术主要以美国CODAR公司的SeaSonde系列和德国汉堡大学的WERA系列高频地波雷达为代表。目前已有100多部SeaSonde系列雷达部署在美国东西海岸线，成为美国综合海洋观测系统IOOS的重要组成部分，并被部署在包括澳大利亚、日本、韩国在内的全球近40个国家。WERA系统采用连续波体制，平均发射功率不超过50瓦，实现200千米范围内的有效探测，目前主要部署在欧洲等国及澳大利亚。

下一代海洋超视距雷达

海洋监测用高频地波雷达理论、技术和应用上待突破的关键问题包括：①新体制地波雷达海洋动力学参数探测理论与方法，新体制雷达指的是天地波一体化混合组网、多输入－多输出（MIMO）、分布式、无源、多极化以及海上平台（舰船、浮标、海岛、石油平台等）基地波雷达等近年来引起广泛研究兴趣的新型雷达系统，对于提升雷达探测性能、拓展探测要素有支撑作用；②海洋电磁环境感知与干扰抑制，地波雷达工作在短波段，而短波段是高频通信、广播和各类大气、天电噪声等比较集中的频段，同时在高频段中低端，电离层干扰是严重影响雷达探测性能的主要干扰；③高精度风、浪场探测理论与方法，地波雷达风、浪探测距离业务化运行的应用要求还有一定的距离，其主要困难在于提取海浪和风场参数所依据的回波信号容易受噪声和干扰的影响。反演风、浪参数在理论上是一个非线性积分方程的反演问题，目前只能通过对方程进行线性化近似和离散化处理才能求解，这一过程加上噪声和干扰的影响，制约了风、浪反演精度；④雷达结果的应用规范和应用标准问题，海态探测用高频地波雷达输出的是时间上连续的大面积流场、风场和浪场的分布，时间分辨率一般为10分钟到1小时，所提供的信息在时间、空间和采样方式所对应的物理含义上与其他测量方式（如浮标、船测、航空测量以及卫星遥感等）存在很大的不同。目前其他测量手段的数据经过多年的应用，都有明确的使用规范和应用标准，而地波雷达这一方面的工作还处于研究探索之中，国内外海洋学家在地波雷达数据质量控制以及将雷达数据与海洋动力学模型进行同化方面已积累了一定的经验，但距离制定明确的应用规范还存在较大距离。

综上所述，高频地波雷达海洋监测技术主要沿着三个方向发展：①探测覆盖范围的广域化，即沿海岸线的无缝覆盖以及探测能力向远海拓展；②近岸观测的精细化，大多数用户对于海洋动力学要素观测需求都集中近岸数千米的范围以内，对于空间分辨率的要求较高，同时近岸动力学要素分布较为复杂，回波机理更为复杂，对雷达系统设计和信号处理技术的要求较高；③观测能力的机动化，要求雷达能够实现车载和船载，以便快速部署，投入观测。

随着高频地波雷达技术及应用的拓展，结合国家、地区和用户的需求，下一代海洋超视距雷达可望具备以下特征：①以天地波一体化混合组网技术为框架的海洋超视距雷达网络将覆盖主要沿岸海域；②各个雷达可随时开机自动或手动设置成为区域海洋超视距雷达网络的一个节点设备，采用主动发射或被动接收的方式获取海洋回波信息；③基于先进信号反演模型和海洋数值模型同化的高精度海洋参数获取和处理技术；④符合国际电信联盟（ITU）海洋雷达电磁兼容规范要求；⑤可应用个人通信终端设备（如智能手机、平板计算机等）获取/加工/发布雷达探测及处理的相关信息。

第四章

俯瞰蓝色星球
——海洋遥感

什么是海洋遥感

　　从太空俯瞰地球会发现，地球其实是一颗海洋占主导的蓝色星球。海洋不仅是地球生命的起源，而且还蕴藏着丰富的矿产、渔业等资源，可以说海洋对于人类的生存与发展至关重要，联合国文件指出："21世纪将是海洋的世纪"。我们需要更好地认识海洋、保护海洋、开发利用海洋。

　　保护海洋、开发利用海洋离不开对海洋的认知，认知海洋的迫切需求推动了海洋遥感技术的发展。海洋遥感是海洋科学（包括海洋物理学、物理海洋学等）、信息科学（探测成像、信号处理、信息处理等）与遥感技术交叉、融合发展形成的技术领域，它通过传感器对海洋进行远距离的非接触观测，实现海面风场、海浪、海面高度、海表温度和盐度、海洋水色、海冰等信息的大范围、同步、快速获取。

　　按照传感器工作平台的不同，可将海洋遥感技术分为卫星遥感和航空（有/无人机）遥感两大类。前者利用搭载在地球观测卫星上的传感器进行海洋观测，可以说，没有卫星海洋遥感技术，就无法对占地球表面积71%的全球海洋进行大尺度、准同步、实时动态监测，也无法全面认知和理解众多复杂的海洋过程和现象。海洋航空遥感则是利用搭载在飞机上的传感器进行海洋观测的，人们乘坐飞机定性地观察海水的颜色、辨识漂浮物和污染物，也属于广义航空遥感的范畴。

　　根据所采用的电磁波波长（或频率）的不同，可将海洋遥感技术分为海洋微波遥感、海洋光学和红外遥感等。海洋微波遥感主要用于风、浪、流等海洋动力环境的观测，其主要优势是基本不受云、雾等环境条件的影响，因此通常认为其可在任意天气条件（全天候，如阴天、刮风、下雨等）和时刻（全天时，即白天和晚上都可以）工作。海洋光学和红外遥感主要用于浮游植物、海表温度等海洋生态环境的观测，主要的技术局限性是受云、雾的影响显著。此外，海洋光学遥感（除激光雷达外）还依赖于太阳光的照明，因此夜间不能工作。

五彩斑斓的海洋

人们常常喜欢用蓝色来形容海洋。但事实上，海水并不总是蓝色的，从深蓝到碧绿，从微黄到棕红，甚至还有白色的、黑色的，真可谓五彩斑斓！那么海水为什么会呈现出如此多样的色彩呢？我们又能从海水的颜色中得到哪些信息呢？

其实，海水是一种非常复杂的多组分水溶液，除了水分子外，还包含营养盐、悬浮颗粒物、浮游植物、溶解有机物等，海水的这些组分会对入射到海洋的太阳光进行有选择性地吸收和散射。例如，太阳光中的红、橙、黄等波长相对较长的光，更容易被水分子吸收，因此通常在水深超过100米的大洋中，这三种光已经消失殆尽；由于水分子的直径与蓝光和紫光的波长相近，海水会对这两种波长相对较短的光产生强烈的散射，使海洋呈现蔚蓝色或深蓝色。靠近陆地的海水，由于陆源物质的输入，水中悬浮颗粒物含量较高，海水对绿光的散射随之增强，此时海水呈现出浅蓝色或绿色甚至是黄色。另外，由于太阳光在到达海面的过程中要穿过厚厚的大气层，大气层中的各种成分也会对光产生折射、散射和吸收作用，致使到达海面的太阳光发生改变，海洋的颜色也会随之发生变化。

海水成分对海洋颜色的神奇作用，造就了众多颇为壮观的自然景观。印度洋西北部、亚洲和非洲之间的红海常年生长着一种红褐色的海

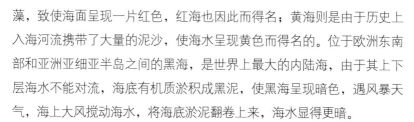

藻，致使海面呈现一片红色，红海也因此而得名；黄海则是由于历史上入海河流携带了大量的泥沙，使海水呈现黄色而得名的。位于欧洲东南部和亚洲亚细亚半岛之间的黑海，是世界上最大的内陆海，由于其上下层海水不能对流，海底有机质淤积成黑泥，使黑海呈现暗色，遇风暴天气，海上大风搅动海水，将海底淤泥翻卷上来，海水显得更暗。

既然海水呈现出的颜色通常由海水的组分决定，那么我们能否透过海水的"颜色"得到海水中组分含量等相关信息呢？答案是肯定的。海洋水色遥感正是这样一种海洋探测技术，它通过各种遥感平台（卫星、飞机等）上搭载的光学传感器，接收来自海洋的光谱信号，从中提取海洋光学性质和水色组分含量等信息。海洋光学遥感可反演的海洋环境参数众多，主要包括：浮游植物色素浓度和细胞粒径、悬浮颗粒物浓度和粒径、有色溶解有机物、颗粒/溶解有机碳浓度、透明度、真光层深度、浅水区水深和底质类型、水体漫（射）衰减系数、水体总光束吸收系数和各组分吸收系数、颗粒物后向散射系数等。海洋卫星水色观测资料在全球气候变化、碳循环、海洋生态环境监测、渔业资源调查、污染监测与海岸带综合管理等领域得到了广泛应用。

海水的冷暖咸淡

温度和盐度（即海水中盐类物质的含量）是最重要的海洋参量，它们的改变会影响海面的微波辐射特性。微波辐射计就是通过测量海洋微波辐射来提取海洋信息的被动式微波遥感器。由于微波具有一定的大气穿透能力，因此微波辐射计是一种近全天候的海表温度、海表盐度、海面风速等海洋环境要素以及大气水汽含量和云液水含量等大气要素的监测手段。自1978年美国Nimbus-7（雨云）卫星搭载微波辐射计SMMR（Scanning Multi-frequency Microwave Radiometer）实现对海观测以来，微波辐射计在海洋科学研究中得到了越来越广泛的应用。

风起浪涌

经常到海边的人们会发现风平浪静或者风急浪高的现象。其实，海面动力状况与风力大小密切相关，当不同强度的风吹过海面时，会产生或大或小的波纹，改变海面的粗糙程度，进而引起海面微波后向散射性质的变化，这为利用卫星遥感监测海面风、浪等海洋动力环境参量提供了可能。

微波散射计是一种主动、非成像的雷达传感器，它通过向海面发射脉冲信号，接收其后向散射回波，实现海面风速、风向信息的探测。1978年第一颗搭载微波散射计的海洋卫星Seasat-A发射升空，在随后的30多年间，微波散射计观测资料在大洋环流、海气相互作用等领域得到了广泛应用。

雷达高度计和合成孔径雷达（SAR）都是海浪观测的"能手"。雷达高度计通过发射机以一定的脉冲重复频率向海面发射调制后的压缩脉冲，由接收机接收经海面反射返回的脉冲，根据返回的波形可提取海浪信息，根据发射脉冲与接收脉冲之间的时间差还可计算海面高度。卫星雷达高度计观测数据在海浪、潮汐、中尺度涡与环流、海平面变化、重力异常和大地水准面等方面有着十分广泛的应用。

SAR是一种主动、侧视成像微波雷达，可以全天时、全天候获取方位向和距离向的高分辨率图像。在距离向，通过发射短脉冲获取高分辨率；在方位向，利用平台的运动记录各位置的回波信息，通过数据处理合成为一个虚拟的大孔径天线的回波，以实现高分辨率成像。SAR数据在海浪、海面风场、内波、中尺度涡、海流、舰船、海冰、溢油、浅海水下地形等众多领域得到了广泛的应用，已成为海洋观测不可或缺的重要数据源。

海洋遥感发展历程

从颜色感知海洋——水色遥感

要论述海洋水色遥感技术的发展历程，我们不得不首先回顾一下海洋光学的发展史。海洋光学是研究海洋的光学性质、光在海洋中传播规律的科学。1885年，P. A. Secchi利用白色圆盘进行海水透明度的测量通常被认为是海洋光学开始的标志。20世纪30年代，瑞典等国的科学家设计制造了测定光在海水中的衰减系数、散射系数等的海洋光学仪器，开始了定量描述水体光学特性的阶段。第二次世界大战后，海洋光学进入迅速发展的时期。瑞典、丹麦等国开始组织环球海洋调查，海水光学特性成为一项重要的调查内容；此外，美国、苏联、法国等国家也相继建立了实验基地，在海水光学性质、海洋辐射传输理论等方面开展了大量研究。

1957年10月4日，苏联发射的第一颗人造地球卫星Sputnik（伴侣号）拍摄的海洋照片极大地激发了科学家从太空研究海洋的兴趣。20世纪60年代载人航天器Gemini（双子星）和Apollo（太阳神）拍摄到了地球的彩色图片。1966年，在美国航空航天局（NASA）的资助下，成立了航天海洋计划办公室（Spacecraft Oceanography Program Office, SPOC），以协调和促进海洋遥感相关研究的开展。70年代初期开展的高空水色遥感试验（high altitude ocean color experiment）为水色遥感理论与方法体系的建立奠定了基础。

1978年，对海洋水色遥感来说是一个具有划时代意义的年份。NASA发射的"雨云"卫星搭载全球首个用于海洋水色观测的传感器——海岸带水色扫描仪（Coastal Zone Color Scanner，CZCS）进入太空，开创了海洋水色卫星遥感时代。CZCS在可见光和近红外波段设置了5个通道，空间分辨率为825米。其设计初衷是开展针对海岸带区域水色的卫星遥感探测，但实际上CZCS的成功更多地体现在对开阔大洋海域的遥感探测上。卫星运行8年间，CZCS获取了大量的海洋水色观测资料，验证了卫星水色遥感探测的技术可行性，为后续的发展积累了宝贵经验。

1986年，CZCS停止运行，在随后的10年间，美国、欧洲、印度、日本、韩国和中国等积极推动各自的海洋水色卫星计划，在其引领下，海洋水色遥感技术进入了快速发展时期。该时期最具代表性的水色传感器是美国的宽视场水色扫描仪（Sea-Viewing Wide Field-of-View Sensor，SeaWiFS）、中分辨率成像光谱仪（Moderate-resolution Imaging Spectra-radiometer，MODIS）和欧空局（ESA）的中分辨率成像光谱仪（Medium-spectral Resolution Imaging Spectrometer，MERIS）。

1997年9月，SeaWiFS搭载在Orbview-2卫星上发射升空，SeaWiFS在波段设置上吸取了CZCS的经验教训，共设有8个可见光和近红外波段，其中的2个近红外波段专用于大气校正，增设的412纳米波段可辅助用于浮游植物和黄色物质的区分。为了提高水色探测的准确性，SeaWiFS配备了星上太阳定标和月亮定标两种在轨定标系统，还专门研制了海洋光学浮标用于SeaWiFS的系统替代定标。2011年2月SeaWiFS停止运行，在轨14年间SeaWiFS实现了长期稳定运行，获取了长时间序列、高质量的全球海洋观测资料，这些资料在全球海洋碳循环等诸多研究领域得到了广泛应用，将海洋水色卫星遥感技术提升到了一个新的高度，具有里程碑式的意义和地位，也为后续海洋卫星的发展提供了参考和借鉴。

1999年12月和2002年5月，NASA分别发射了EOS-Terra和EOS-Aqua卫星，其上均搭载了中分辨率成像光谱仪MODIS。与以往的卫星传感器相比，MODIS最大的特点是波段多，其在400～14 400纳米范围内设有36个波段，用于大气、海洋、陆地等的综合探测，其中有9个波段专用于水色遥感，波段范围为405～877纳米，空间分辨率约1千米。MODIS与同属于NASA的SeaWiFS在遥感器定标、卫星数据处理等诸多方面具有较好的一致性，至今仍在稳定运行中。2011年10月，美国对地观测卫星NPP（National Polar-Orbiting Partnership Mission）发射升空，其上搭载了MODIS之后的新一代传感器——可见光红外成像辐射仪（Visible/Infrared Imager Radiometer Suite，VIIRS），VIIRS具有370米和740米两种空间分辨率，共22个波段，光谱范围为402～11 800纳米。

欧洲的水色遥感器MERIS于2002年3月由ENVISAT卫星携带升空，其在可见光、近红外范围内设置了15个波段，可以提供300米和1 200米两种空间分辨率的影像，该卫星于2012年停止运行，MERIS在荧光波段的设置上具有特色，更适合于浮游植物藻华的探测。在哥白尼计划的支持下，欧空局分别于2016年2月和2018年4月发射了Sentinel-3A和Sentinel-3B卫星，其上搭载了用于海洋水色观测的OLCI（Ocean and Land Color Instrument）传感器。OLCI延续了MERIS传感器波段设置，但是波段数从15个上升到21个，增加了用于大气校正和叶绿素荧光探测等的波段。

2002年5月，我国发射了第一颗用于海洋环境探测的光学卫星HY-1A，星上搭载了水色水温扫描仪（Chinese Ocean Color and Temperature Scanner，COCTS）。COCTS的空间分辨率为1 100米，共有10个波段，光谱范围为402～12 500纳米。HY-1A实现了我国海洋水色卫星零的突破，为我国海洋水色卫星的发展奠定了技术基础，其后续星HY-1B、HY-1C、HY-1D分别于2007年4月、2018年9月和2020年6月发射，三颗星均搭载了COCTS传感器，传感器设置与HY-1A基本一致。HY-1C和HY-1D通过上、下午卫星组网观测，可增加观测次数，提高数据全球覆盖能力。

当前，海洋水色遥感技术正朝着高时间分辨率、高光谱分辨率方向发展。2009年9月，美国海军研究中心研发的近海高光谱水色成像仪（Hyperspectral Imager for the Coastal Ocean，HICO）在国际空间站（International Space Station，ISS）上投入运行。它是世界上第一个针对沿岸、河口、河流等水体监测设计的星载高光谱成像仪，波段范围是400～900纳米，空间分辨率约90米，图像长宽为42千米×192千米。2010年6月，全球首个静止轨道海洋水色传感器（Geostationary Ocean Color Imager，GOCI）投入运行，GOCI共有8个波段，空间分辨率为500米，覆盖范围为2 500千米×2 500千米；GOCI最大的特点是每天可提供8个时刻的观测数据（时间间隔为1小时），这使得海洋–大气的逐时变化监测成为可能。2020年2月，韩国又发射了搭载有GOCI-II传感器的Geo-Kompsat-2B卫星。相较于GOCI，GOCI-II具有更高的时空覆盖率、更大的观测范围以及更多的波段数。

海洋温盐观测"法宝"——微波辐射计

自1978年首个星载微波辐射计SMMR发射入轨以来，在将近40年的发展历程中，微波辐射计观测技术得到了较大发展，由双极化观测发展到全极化观测，观测的海洋参量由海表面温度（sea surface temperature，SST）和风速扩展到风向和海表盐度，工作体制也由单纯的被动遥感发展到主被动同步观测，数据产品在海洋科学研究的应用也越来越广泛。

SMMR利用对温度敏感的C/X波段进行SST的观测，由于仪器性能、轨道设置等方面的问题，SMMR无法反演距岸600千米内的SST，限制了其在海洋科学研究中的应用。在SMMR之后，又相继有SSM/I（Special Sensor Microwave/Image）、SSMIS（Special Sensor Microwave Imager Sounder）、TMI（TRMM Microwave Imager）、AMSR（Advanced Microwave Scanning Radiometer）、AMSR-E（Advanced Microwave Scanning Radiometer for EOS）、AMSR2（Advanced Microwave Scanning Radiometer 2）等星载微波辐射计以及中国"风云三号""海洋二号"卫星微波辐射计发射入轨，这些辐射计均为双极化微波辐射计，但各自的频率设置和轨道参数略有差异。

SSM/I和SSMIS是美国国防气象卫星计划（Defense Meteorological Satellite Program，DMSP）的星载微波辐射计，分别于1987年和2003年发射入轨。由于该辐射计未搭载C和X工作波段，因此不能测量海表面温度。

TMI为美国热带降雨测量计划搭载的微波成像仪，1997年发射后在轨运行至今。由于TMI的主要任务为热带降雨测量，因此其轨道为非太阳同步轨道，空间覆盖范围为南北纬40°之间，可提供SST、风速、水汽、云液水和雨率数据。

AMSR和AMSR-E是日本研制的"高级微波扫描辐射计"。其中AMSR-E搭载在EOS-Aqua卫星上，于2002年5月入轨，在轨运行近10年，于2011年10月停止运行。AMSR-E工作频率覆盖6.9～89 GHz，其数据产品包括SST、海冰密集度、风速、水汽、云液水、雨率、地表积雪深度和土壤湿度等，其在轨时间之长、工作频段之宽、数据产品之丰富，均优于同期的微波辐射计。AMSR2作为AMSR-E的后继星，其频段设置、轨道参数与AMSR-E相似，于2012年5月发射入轨。

"风云三号"A/B星（FY-3A/B）微波成像仪分别于2008年和2010年发射，其工作频率覆盖10.65～89 GHz。FY-3微波成像仪主要用于大气参量的观测，兼顾对海观测。我国自主海洋动力卫星HY-2A和

HY-2B上也搭载了用于海气参量遥感的微波辐射计，两星分别于2011年8月和2018年10月发射入轨，其工作频段覆盖6.6～37 GHz，刈幅1 600千米，可实现对SST、风速等主要海气参量的遥感观测。

　　随着微波辐射计技术水平的发展，自2003年起，陆续有3个可测量海面全极化辐射分量的微波辐射计发射入轨。WindSat为美国海军研究实验室（Naval Research Laboratory，NRL）研制的世界上第一个星载全极化微波辐射计，其工作频段为6.8～37 GHz，其中10.7 GHz、18.7 GHz和37 GHz为全极化频段，WindSat利用亮温的第三、第四斯托克斯分量实现海面风向信息提取。WindSat作为首个星载全极化微波辐射计，验证了全极化微波辐射计遥感海面风场的能力，为星载辐射计的发展指出了可能的方向。2009年以来，陆续有三颗搭载L波段微波辐射计的卫星发射入轨，实现了海面盐度的卫星遥感监测。SMOS（Soil Moisture and Ocean Salinity）是欧空局于2009年11月发射的世界上第一颗海洋盐度遥感卫星，其载荷为L波段合成孔径成像微波辐射计（Microwave Imaging Radiometer using Aperture Synthesis，MIRAS），MIRAS具有三个Y型分布径向臂，其空间分辨率约40千米，MIRAS利用三个径向臂和中央结构上均匀分布的69个天线单元测量海面L波段微波辐射亮温，进而反演海面盐度。Aquarius是美国国家航空航天局（National Aeronautics and Space Administration，NASA）和阿根廷航天局（Comision Nacional de Actividades Espaciales，CONAE）于2011年6月发射的星载L波段主被动联合观测遥感器，主要载荷是L波段辐射计/散射计，辐射计用来测量海表亮温，散射计用于测量海表粗糙度来修正亮温；辐射计和散射计共用一个2.5米直径的三馈源抛物面天线，3个波束的天线足印为76～156千米，扫描幅宽为390千米。由于供电系统的问题，Aquarius卫星已于2015年6月停止工作。SMAP（Soil Moisture Active Passive）是继Aquarius之后NASA发射的又一颗L波段对地观测卫星，搭载了一个L波段辐射计/散射计，与Aquarius卫星采用的三波束推扫工作体制不同，SMAP使用了一个直径6米的网状天线进行圆锥扫描，其扫描刈幅可达1000千米，地面空间分辨率约40千米；SMAP于2015年1月发射入轨，但在当年7月SMAP的雷达即停止工作，仅L波段微波辐射计在正常工作。

海洋动力观测"多面手"——雷达高度计

卫星高度计顾名思义就是基于卫星搭载相应设备来测量高度。目前，卫星高度计主要有激光雷达高度计和微波雷达高度计，这里我们主要是介绍微波雷达高度计（本章提及的高度计均特指微波雷达高度计）。

早在20世纪70年代初，美国宇航局就提出要发展高精度海洋观测的新型测量技术和仪器，在此之后，Williams提出了卫星测高的概念，科研人员就此开展了相关的研究，并利用飞机平台进行了验证，这为全球首台雷达高度计S-193的问世奠定了基础。继美国之后，法国、欧空局、中国等国家和机构也投入到雷达高度计的研究中。

经过40多年的发展，星载雷达高度计已由试验阶段发展到系列业务运行阶段。目前成系列的高度计卫星主要有：美国海军的Geosat系列、欧空局的ERS系列、NASA与法国国家空间研究中心（CNES）联合发射的T/P系列等。另外，还有欧空局专用于极地观测的Cryosat-2测高卫星、中国首颗搭载有雷达高度计的微波遥感卫星HY-2A等。

试验阶段

1973年5月14日，NASA在经过一系列实验之后，成功发射了"天空实验室"卫星Skylab，其上搭载了首台雷达高度计（S-193），其在距地球840千米高的空中飞行，设计寿命为3.5年，每23天覆盖全球1次，设计的海面高度测量精度为25～50厘米。由于种种原因，其实际的测高精度仅达到1米。作为原理性试验卫星，虽然1米测高精度的观测数据对于海洋学研究而言并没有太大的价值，但它还是展示了基于卫星平台观测海洋高度的可能性。

约两年以后的1975年4月，NASA发射了GEOS-3（Geophysical Satellite-3）卫星，搭载了一部Ku波段（13.9 GHz）的雷达高度计，在3.5年的实际运行中获取了500多万组测量数据，测高精度也提高到了25～50厘米，开启了应用卫星测高数据进行海面动力高度研究的新时代。

1978年6月28日，NASA发射了海洋卫星Seasat，它是第一颗专门用于海洋观测的卫星。Seasat卫星的飞行高度为800千米，其获得的测高数据精度达到了20～30厘米。令人遗憾的是，由于卫星电池故障，卫星仅在轨运行3个月就结束了使命，但是其证实了卫星测高技术的可行性，展示了其在海洋地球物理学、气候学等领域潜在的应用价值，是雷达高度计发展的一个重要里程碑。

自此，经过一系列的试验与验证，利用卫星平台搭载雷达高度计进行大范围海面观测的可行性得到了充分的证明，卫星测高技术开始逐步向着业务化方向发展。

业务化运行阶段

1985年3月12日，美国海军发射了高度计卫星Geosat，上面安装了Ku波段（13.5 GHz）雷达高度计，其主要目的是为美国海军精确测定海洋大地水准面，同时为美国海军的海上行动提供业务化的海况和风速资料。Geosat卫星轨道高度为800千米，其测量精度较之前的高度计有了进一步提高，达到了10～20厘米，其测高数据成功应用于全球大地水准面、重力异常与扰动、海洋潮汐和海洋环流等研究中。1998年2月10日，美国海军发射了Geosat的后继卫星GFO，采用与Geosat相同的17天精确重复轨道（即每隔17天进行地面同一点的重复测量）、工作波段、轨道高度和轨道倾角，2008年11月26日，卫星停止工作，针对Geosat系列卫星的后续规划也未再见报道。

1991年7月17日，ESA发射了ERS-1卫星，卫星轨道高度为785千

米，雷达高度计工作在Ku波段（13.8 GHz），实际测高精度达到了10厘米；根据不同的观测目的，重复观测周期设计为3天、35天和168天，重复轨迹的偏离误差小于1千米。1995年4月21日，欧空局发射了ERS-1的后继卫星ERS-2，其搭载的雷达高度计与ERS-1相同，并且采用了相同的轨道高度与轨道倾角。2002年3月1日，欧空局发射了ERS-1/2的后继卫星Envisat，其上搭载有双频高度计RA-2，工作波段为Ku波段和S波段，轨道高度为782千米，重复周期为35天。印度和法国于2013年2月25日联合发射的Saral/AltiKa卫星，是Envisat的后续卫星，其上搭载了首颗采用Ka单波段（35.75GHz）的高度计，轨道高度800千米，重复周期为35天。ESA于2016年2月16日和2018年4月25日联合EUMETSAT(European Organization for the Exploitation of Meteorological Satellites)发射了Sentinel-3A/B卫星，是欧洲Copernicus计划的专用Sentinel系列，搭载了采用Ku波段和C波段的双频合成孔径雷达高度计SRAL，卫星运行在高度为814.5千米的太阳同步轨道，重访周期为27天。

1992年8月10日，NASA与CNES联合发射了高度计卫星T/P。T/P卫星搭载了TOPEX和POSEIDON两台高度计，TOPEX为双频高度计，工作波段为Ku波段和C波段，POSEIDON为实验性单频固态雷达高度计，与TOPEX共享一根天线，但是只占用10%的工作时间。T/P高度计的轨道高度为1 336千米，轨道倾角为66°，轨道重复周期为10天。与之前发射的高度计卫星相比，T/P高度计的观测精度有了大幅提高，测高精度达到了2～3厘米。2001年12月7日，NASA/CNES联合发射了T/P的后继卫星Jason-1，为全球大洋环流的研究提供连续时间序列的高精度海面观测数据。Jason-1卫星测高精度与T/P相同，但质量（500千克）仅为T/P卫星的1/5。2008年6月20日，NASA/CNES联合发射了T/P高度计的第二颗后续卫星Jason-2，其搭载设备与Jason-1卫星相同，轨道参数和重复周期也相同，但其搭载的Poseidon-3高度计仪器噪声较之前更低，并且采用了对陆地和海冰区域更为有效的跟踪算法。2016年1月17日，NASA、CNES和NOAA联合发射了T/P系列高度计的第三颗后续卫星Jason-3，其传感器和轨道设计与Jason-2相同。2020年11月21日，ESA、NASA、NOAA和EUMETSAT联合发射了Jason-CS/Sentinel-6卫星，该星也是欧洲Copernicus计划的一部分，采用与Jason系列卫星相同的轨道参数。

此外，2010年4月8日ESA发射了用于极地观测的Cryosat-2测高卫星，主要任务是进行陆地冰层和海冰厚度变化的监测，其飞行高度为717千米，几乎可以覆盖整个极地区域。其上搭载的高度计/干涉计传感器工作波段为Ku波段（13.575 GHz），共有3种工作模式：低分辨率星下点高度计观测模式、SAR观测模式和SAR干涉测量模式。

2002年12月30日，中国发射了"神舟四号"（SZ-4）飞船，其上搭载了我国自行研制的高度计。SZ-4轨道高度为343千米，虽然其飞行时间仅为6天零18小时，但开启了中国卫星测高的先河。2011年8月16日，我国成功发射了自主研发的海洋环境动力卫星"海洋二号A"（HY-2A），所搭载的高度计工作波段为Ku波段（13.58 GHz）和C波段（5.25 GHz）。HY-2A卫星轨道高度为973千米，重复周期为14天，观测范围可以覆盖到南北纬82°。2018年10月25日，我国发射了HY-2A的后续星HY-2B，是海洋动力环境卫星星座的首颗业务星，其上搭载了与HY-2A相同的雷达高度计，采用了与HY-2A相同的轨道设计。HY-2B测高精度提高到5厘米，具备完全自主的高精度精密测定轨能力，达到国际同类卫星的观测精度和同等精密定轨水平。2020年9月21日，我国发射了HY-2C卫星，轨道高度为958千米，轨道重复周期为10天，其上搭载了Ku波段（13.58 GHz）和C波段（5.25 GHz）高度计。2021年5月19日，我国发射了HY-2系列第四颗卫星HY-2D，其搭载了与HY-2C一样的雷达高度计。目前，HY-2B/C/D卫星已组网运行，构成了我国海洋动力环境监测网，实现对全球海面高度、有效波高、海面风场、海面温度等的全天时全天候高精度观测，有效服务我国自然资源调查监管。

卫星高度计数据在海洋潮汐、海浪、中尺度涡与环流、海平面变化和海洋重力异常等研究领域得到了广泛的应用，极大地增进了人类对海洋的认识，促进了海洋科学的发展。在海洋潮汐研究领域，卫星高度计的应用主要包括：海洋潮汐分潮调和常数信息提取和潮汐预报、潮汐数值同化预报和内潮研究等。在海浪研究方面，卫星高度计有效波高数据广泛应用于海浪和海况监测、海浪波高极值推算、海浪数值模式验证和海浪数值同化预报。在环流与中尺度涡方面，卫星高度计海面高度数据的应用包括环流结构与流速流量研究、环流年际变化研究、中尺度涡特征与运动及涡能分布研究等；在海平面研究领域，卫星测高数据广泛应用于全球平均海平面模型建立、全球与区域海平面变化趋势与规律分析、海平面上升速率及驱动因素研究等。此外，卫星高度计数据还应用于海洋重力异常反演，为海洋重力场测定提供了重要手段。

海面风场观测"利器"——微波散射计

虽然微波辐射计、雷达高度计、SAR均可反演海面风场，但微波散射计一直以来都是公认的海面风场观测的"主力"传感器。1966年，首次提出了星载散射计测量海面风场的概念，经过近50年的发展，多个星载微波散射计成功发射并业务运行，包括NASA的ADEOS-1/NSCAT、QuikSCAT、ADEOS-2/SeaWinds和Seasat-A/SASS等，ESA的ERS-1, 2/AMI、Metop-A, B/ASCAT等以及中国的"神舟四号"（SZ-4）多模态散射计和"海洋二号"卫星（HY-2）散射计。在这近50年中，散射计的功能和精度不断改善，应用领域不断拓展。

美国1978年成功发射了搭载第一个星载散射计SASS的海洋遥感卫星Seasat。SASS散射计有4根天线，呈X型，工作频率是14.6 GHz，可以对卫星两侧宽度为475千米的条带区域进行观测，观测的最小分辨单元（即空间分辨率）是50千米，每3天重复观测1次，风速观测范围是4～26米/秒，精度为±2米/秒，风向反演精度为±20°。由于系统故障，SASS只运行了3个多月，但是它为海面风场卫星遥感反演研究提供了宝贵的数据，其反演结果还在全球数据同化和大洋环流研究中得到了应用。

继SASS后，NASA于1996年发射了星载散射计NSCAT，搭载在ADEOS-1卫星上。NSCAT工作频率为14.0 GHz，两侧扫描条带的宽度均为600千米，分辨率为25千米，每天覆盖全球海洋的77%，重复观测周期为3天，风速反演精度±2米/秒，测量范围是3～30米/秒，风向反演精度为±20°。NSCAT散射计只运行了9个多月，但其获得的风矢量数据在海洋模式、气象数值预报、数据同化应用方面发挥了十分重要的作用。

作为NSCAT的延续，搭载在QuikSCAT卫星和ADEOS-2卫星上的SeaWinds散射计分别于1999年和2002年发射升空。SeaWinds散射计工作频率是13.4 GHz，采用笔形圆锥扫描，扫描条带宽度达到1 800千米，每天可覆盖全球海洋90%的区域，分辨率为25千米，重复周期是1天，风速、风向反演精度与NSCAT相当。SeaWinds提供的长期观测数据，在数据同化、气象预报、海冰制图以及陆地植被反演等方面应用十分广泛。

ESA分别于1991年和1995年发射了ERS-1、ERS-2卫星，搭载的主动微波装置（AMI）具有散射计模式。AMI使用了3根扇形波束天线，工作频率为5.3 GHz，扫描条带宽500千米，分辨率50千米，重复周期为5天，风速测量范围是4～24米/秒，精度为±2米/秒，风向精度为±20°。2006年和2012年ESA又分别将搭载了ASCAT散射计的Metop-A和Metop-B卫星送入太空。ASCAT工作频率5.3 GHz，两侧的扫描条带宽度均为550千米，分辨率为25千米，风速、风向观测能力与SeaWinds相近。AMI和ASCAT数据在海洋模式和气象预报、海冰分类以及土壤水分和植被反演等研究中得到了广泛应用。

2002年，我国利用"神舟四号"飞船把第一个多模态微波遥感器（M3RS）送入太空，作为多模态微波遥感器载荷之一，散射计CN/SCAT采用了笔形波束圆锥扫描方式，工作频率为13.9 GHz，具有两副X型天线，空间分辨率为50千米，扫描条带宽350千米。CN/SCAT虽然获取数据有限，但成功反演了海面风场，为我国后续的星载微波遥感器的研究和应用打下了基础。2011年8月16日发射的我国首颗自主海洋动力环境卫星HY-2A主载荷之一为微波散射计，采用笔形波束天线，风场观测分辨率25千米，最大观测带宽可达1700千米；之后在2018年、2020年、2021年分别发射的HY-2B、HY-2C和HY-2D卫星和CFOSAT卫星均搭载了微波散射计，其性能与HY-2A微波散射计一致，形成了多星组网的海面风场探测能力，已在海面风场观测及其他相关应用领域中发挥了重要作用。

守护海洋的"哨兵"——合成孔径雷达

与雷达高度计、辐射计、散射计等微波遥感技术相比，合成孔径雷达最突出的特点是其具有较高的空间分辨率，可对海洋进行精细的成像，因此可作为守护海洋的"哨兵"对海洋进行监视监测。

1978年6月，第一颗民用的SAR卫星发射成功，揭开了星载SAR海洋探测的序幕。尽管只工作了105天，但其获取了内波、中尺度涡、锋面、水下地形等众多的海洋信息，在SAR海洋遥感技术发展历史上具有里程碑意义。在随后的80年代，SAR主要处于试验阶段，工作模式较为单一，未得到大规模应用。

1991年7月17日，ESA成功发射了ERS-1卫星，其携带了C波段SAR，每隔200千米获取一幅5千米×10千米的图像，可用于全球海浪的观测。1995年11月4日，加拿大发射了首颗商业化的SAR卫星RADARSAT-1，能提供7种不同入射角的波束模式，具有分辨率达10米

的精细模式、30米的标准模式、50～100米的扫描模式，其中标准模式类似于ERS SAR，扫描模式则是第一次在卫星上实现，可以获取覆盖宽度达500千米的SAR图像，非常适合于海洋的大范围观测。这两颗卫星稳定工作了10

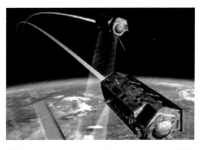

图4-1　TerraSAR-X和TanDEM-X卫星

年以上的时间，获取了大量的观测数据，极大地推动了应用研究的发展。

进入21世纪以来，SAR卫星向着高分辨率、全极化、多星编队协同的方向发展，以对海洋进行高精度的成像和探测。主要有：欧空局的Sentinel-1A与Sentinel-1B SAR卫星星座；意大利军民合用的COSMO-SkyMed卫星星座；德国的TerraSAR-X和TanDEM-X的编队SAR卫星。加拿大也正在开发RADARSAT星座任务（RCM）以接替目前正在运行的RADARSAT-2卫星。2016年我国发射的高分3号SAR卫星，也正在构建至少3颗SAR卫星同时工作的卫星星座。可以预见，随着SAR数据源越来越丰富，工作性能越来越强，SAR海洋应用必将进入一个新的时代。

图4-2　RADARSAT-2卫星

海洋遥感案例及其剖析

把脉海洋——给海洋做"体检"

浩瀚的海洋奥秘无穷，揭秘海洋、认知海洋，均需要海洋遥感技术的支撑。利用卫星海洋遥感技术，我们可以更好地感知海洋，感受海洋的律动。

给大海遥测"体温"

海表面温度（sea surface temperature，SST）是描述海洋物理性质的一个基本要素，也是观测历史最长、数据最为丰富的海洋要素之一。自1872年"挑战者"号进行包括海温在内的海洋综合调查以来，人类对海洋温度的观测已有超过140年的历史。

SST观测手段主要包括现场观测和卫星遥感两种方式。现场观测的优势是精度高，缺点是空间覆盖不足，目前唯一可以实现对全球海面温度大范围、准同步、全天候观测的手段是星载微波辐射计。典型的星载微波辐射计扫描宽度约1 000千米，每天可覆盖全球90%的海域。

目前微波辐射计的SST测量数据在大洋区域精度可达到0.7 K，但是在近海及海冰边缘线附近，受到陆地及海冰的影响，数据质量较差；此外，微波辐射计天线足印大，数据的空间分辨率也较低。为了克服这些问题，可利用MODIS、AVHRR等红外辐射计高空间分辨率的SST数据，与微波辐射计数据进行融合，以改善微波辐射计近岸质量差、空间分辨率低的问题。

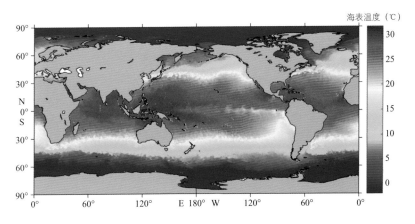

图4-3　2020年11月6日卫星辐射计测量的全球海表温度

海水到底有多咸

海水盐度是影响海洋动力环境和海–气相互作用的一个关键因子，盐度变化导致的海水密度改变，是大洋深层热–盐环流的驱动因素之一。此外，海水盐度还与海面的降水、蒸发以及海冰的冻结消融有关，海洋盐度信息对于人类更好地理解全球水循环以及气候变化都具有重要意义。那么，海水到底有多"咸"？

人类对海洋盐度的观测是与温度同步开展的。从1872年"挑战者"号进行全球海洋调查到2009年欧空局（ESA）发射盐度遥感卫星SMOS（Soil Moisture and Ocean Salinity）之前的100多年间，海洋盐度观测主要依赖现场测量手段。据统计，1874—2002年间人类共进行了约130万次海洋盐度观测，但数据大多处于近海和船舶航线上，观测资料的时空覆盖很不均匀；若按1°×1°将全球海打上格子，则27%的格子中没有数据，70%的格子中数据少于10个，28%的数据分布在近岸。

盐度遥感卫星SMOS和Aquarius的成功发射，使人类第一次拥有了从太空监测海洋表面盐度的能力。两颗卫星刈幅均较宽，可在2～7天内对南北纬80°之间的广袤海域进行一次盐度观测。据估计，在Aquarius在轨运行的前几个月，其盐度观测数据量就相当于历史上所有盐度现场观测数据的总和。

海洋的平均盐度为35，大约相当于1瓶矿泉水中加入半汤匙盐；而SMOS和Aquarius在大洋区域的盐度测量精度可达到万分之二，即10千克水中2克盐的含量变化。目前，当观测区域存在低水温、高风速和降雨情况时，盐度遥感卫星观测还存在困难。以降雨为例，雨滴改变了大气的吸收特性，降低了大气对微波辐射的透过率；同时雨滴在海面的飞溅效应还改变了海面粗糙度，上述两方面的效应都会给盐度反演带来挑战。通过搭载微波辐射计/散射计的主被动同步观测，利用海面辐射/散射特性对降雨响应的差异，可实现非常规气象条件下的海表盐度信息提取。

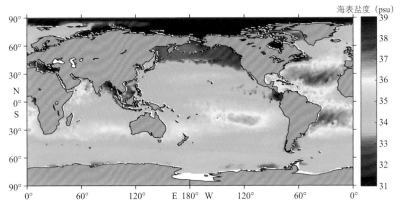

海表盐度（psu）

图4-4　2020年第一周星载辐射计测量的全球海表盐度

海上的风有多强

　　海面的风是影响海浪、海流等多种海洋动力要素的活跃因子。在海洋学和气象学的各个领域，从天气和海浪预报到海流与气象的长期变化，均需要海洋上的风场资料。海面风场数据获取的常规途径是船舶、浮标以及沿岸或岛屿台站等现场观测系统。但是，对于广阔的海洋来说，常规观测系统获得的海面风场资料难以满足各方面的需要，这就促进了微波遥感（散射计、高度计、辐射计和合成孔径雷达等）反演海面风场技术的发展。

　　微波散射计是专门用来测量海面风场的微波遥感器，也是当前唯一能够同时测量风速和风向的设备，被认为是迅速获取大范围海面风场的最理想仪器。目前最先进的散射计是NASA的SeaWinds和ESA的ASCAT，能够测量的海面风速范围是3～30米/秒，精度为±2米/秒，风向测量范围为0°～360°，精度±20°。基于卫星散射计数据生成的海面风场日平均和月平均融合产品在海洋模式研究、气象预报等方面均发挥了十分重要的作用。

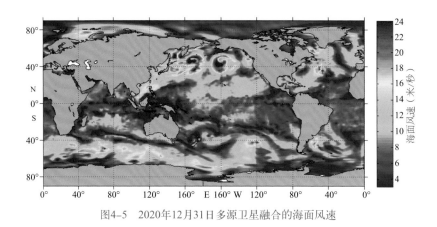

图4-5　2020年12月31日多源卫星融合的海面风速

海浪是把双刃剑

　　海浪是发生在海洋表面上的表面波，属于重力波的一种，同时其有随机性，通常是杂乱无章的，其波高、波长和周期都为随机量。自然界中的海浪是一把双刃剑。一方面，海浪携带着巨大的能量，有可能作为一种新型的能源帮助解决人类面临的能源危机问题；另一方面，海浪所携带的巨大能量又会给人类的生产、生活带来灾难性的破坏。

　　早期的海浪观测主要以现场浮标、固定观测站和船载观测为主，很难获得长时间、大范围的海浪观测结果，人类对于海浪的认识也仅限于非常有限的近岸海域。遥感技术的发展和进步使得人类对海浪的认识迅速扩展到全球，目前，我们可以足不出户快速地了解全球海洋海浪的状况。基于卫星遥感数据的研究揭示了全球海洋波高分布状况，特别是在南半球"咆哮西风带"海域的大浪区清晰可见，这对于全球海洋船舶航行安全、揭示上层海洋过程和海–气界面能量交换等都具有重要的参考价值。

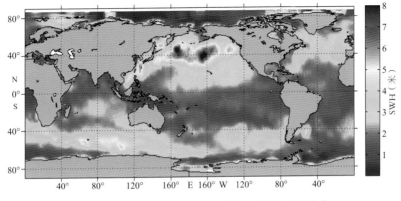
图4-6 2020年12月31日多源卫星融合的海浪有效波高

海浪也会给人类的生活带来困扰。2007年5月30日，巨浪（大涌浪过程）袭击了印度尼西亚近岸区域，最大波高达到了11米，造成了巨大的破坏，千余人无家可归。SAR卫星遥感数据完整跟踪并记录了整个大涌浪的产生、发展和传播过程。遥感技术的快速发展使得全球海洋海浪时空分布变化的监测以及海浪灾害的预警成为可能，借助遥感手段，人类对于全球海洋海浪的认知将达到全新的高度。

遥望海洋潮涨潮落

由于受到月亮和太阳等天体万有引力（也称天体引潮力）的作用，地球表面的海水会发生周期性的涨潮落潮运动。人类对海洋潮汐很早就有了认识。虽然人类已积累了对潮汐的丰富认识，但这些认识仅仅局限于人类生活的近岸或海岛区域，对于全球大洋和无人生活的地区则了解甚少。海洋的广袤使得传统的观测手段无法得到对全球海洋潮汐的整体认识。卫星遥感技术的发展，使得可以在太空中对全球海洋潮涨潮落引起的海面高度变化进行观测。利用卫星高度计的长时间重复观测数据，可以提取出卫星高度计地面观测点上潮汐的周期性变化信息。基于这些信息，就可以全面、深入了解全球海洋的潮汐特征。

鸟瞰大洋中的"河流"与"漩涡"

占地球表面71%的浩瀚海洋并不是死水一潭，海水无时无刻不在流动。在海面风的吹动和海洋内部温度、盐度变化的作用下，海水从一个区域流向另一个区域，这样的海水流动最终首尾相连形成了全球大洋环流。除了大尺度的海水流动外，海洋中还存在与大气中气旋类似的中尺度涡旋，即海水以数十千米到数百千米的直径在海洋中做旋转运动，海洋中的中尺度涡有冷涡和暖涡两种类型。以北半球为例，冷涡逆时针旋转，在涡的中心区域海水自下向上运动，将深层的冷水带到上层；暖涡顺时针旋转，在中心区域海水自上向下运动，将上层的暖水带到深层海洋。海洋中涡旋的存在对全球海洋热量的传递和输运发挥着重要的作用。

由于海洋环流和中尺度涡的空间尺度较大，常规的现场观测手段难以对其进行有效观测，卫星遥感是唯一可大范围观测海水运动的手段，太空中遨游的卫星时刻遥望着地球表面海水的运动。海洋环流和中尺度涡等均会引起海面高度的变化，并被卫星高度计探测到；同时，海水的运动会引起海表面温度和水中浮游生物的变化，这些变化特征可在红外和水色卫星遥感影像中得以体现。基于上述原理，人们就可以从太空中观测海洋中的"河流"和"漩涡"。

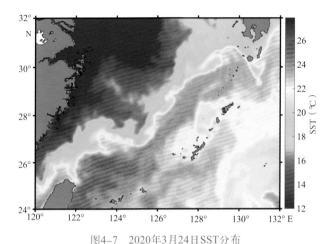

图4-7　2020年3月24日SST分布

流经我国近海的大尺度西边界流——黑潮，由于其高温特性，所以在图中清晰可见
（呈现为红色）

海洋知冷暖——从海洋看全球气候变化

工业化带来了全球CO_2的大量排放，加之频发的台风、暴雨、风暴潮、暴风雪和严寒等极端天气事件，让人们的注意力越来越多地聚集在全球变化上。占全球表面积71%的海洋在全球气候变化中发挥了什么样的作用呢？

海平面在升高吗

海平面上升是全球变化的重要体现。传统的海平面变化观测主要基于沿岸或海岛上的验潮站，但验潮站的观测资料无法反映出全球海洋海平面的整体变化。卫星高度计可以测量地面轨迹上的观测点相对于参考面的海面高度值，利用经年累月获得的海面高度测量数据就可以提取全球海平面变化信息。从1992年美国与法国联合发射的TOPEX/Poseidon高度计开始，海平面变化监测进入了一个全新的时代。基于卫星高度计数据的研究表明，1992—2010年间全球海平面平均上升速度为2.75毫米/年。

海洋能容纳多少二氧化碳

在光照充足的上层海洋，生活着大量的海洋浮游植物，它们通过光合作用吸收CO_2，将无机物合成为有机物，每天约10万吨的碳以CO_2的形式被海洋浮游植物所固定，同时，近乎等量的有机碳通过沉积或捕食的方式进入海洋生态系统。

人们将海洋浮游植物光合作用的速率定义为海洋初级生产力。研究表明，海洋浮游植物为全球生物圈贡献了近一半的净生产力。也就是说，在全球碳循环中，海洋的贡献约占一半。因此，研究海洋浮游植物的分布有助于我们更好地理解海洋初级生产力以及海洋在全球气候变化中的作用。

掌握全球海洋浮游植物的分布需要建立在大量观测的基础上。在水色遥感出现之前，人们的调查局限在"自行车"式的走航观测。对浩瀚的海洋来说，依靠这样的调查方式实现对全球海洋的观测是根本不可能的。走航观测的另一个局限是时间上的同步性差，无法实现对某一空间范围的同步观测。

水色遥感技术的出现为全球海洋浮游植物和初级生产力的空间分布与长时间序列演变监测提供了可能。人们利用遥感资料发现，与陆地类似，在浩瀚的海洋中同样存在着贫瘠荒芜的"沙漠"地带。南太平洋亚热带环流区域就是其中之一。这里营养物质极度缺乏，浮游植物浓度低，是南太平洋最大、最贫瘠的生态系统。利用SeaWiFS观测资料，美国国家海洋渔业服务署的生物海洋学家Jeffrey Polovina和他的同事发现，1997—2006年间除南印度洋外，所有的海洋"沙漠"面积都在扩大。

萎缩中的极地海冰

极地海冰作为全球气候系统的一个重要组成部分，通过影响大洋表面的辐射平衡、物质平衡、能量平衡以及大洋温、盐环流的形成和循环而影响全球气候变化。过去几十年，极地环境发生了重要变化，北极永久海冰在减少，冰川和冻土在融化；南极上空春季出现了臭氧洞，其面积最大时达2 800万平方千米，差不多有3个中国陆地面积那么大；如果全球增暖持续千年，会最终导致格陵兰冰盖的完全消融，进而导致海平面升高约7米；同时，高温、热浪、强降水等极端天气气候事件的发生频率很可能会增加，热带气旋（含台风和飓风）的强度可能会增强。人类的生存环境将受到极大的威胁与挑战，而这不是科幻，更不是危言耸听，而是已经发布的政府间气候变化专门委员会（IPCC）第一工作组主报告《气候变化2007：自然科学基础》向世人展示的"冰山一角"。

卫星遥感能够快速获取整个极地区域的海冰变化信息，为人们研究极地变化提供全面、丰富的观测数据，为极地气象学、海洋学、冰川和水文学等领域的科学研究和观测提供支撑。利用遥感手段不仅能获取极地海冰的面积变化趋势信息，最新的卫星高度计CryoSAT-2还能给出极地海冰的厚度分布。综合极地海冰的面积和厚度变化，可进一步评估海冰的消融对大洋环流以及对全球气候变化的影响。

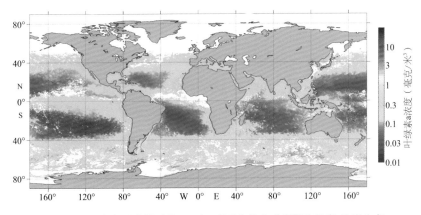

图4-8　卫星水色遥感得到的2020年1月平均的全球海洋叶绿素a浓度分布
由MODIS、OLCI和VIIRS卫星数据融合得到

第五章

海洋侦察兵
——水下移动观测

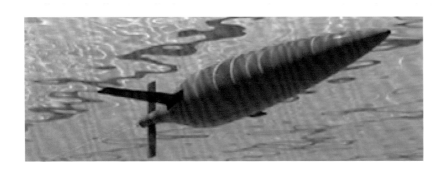

什么是
水下移动观测

　　水下移动观测技术是借助水下移动观测平台对海洋环境进行动态观测的技术。水下移动观测平台集传感、通信、导航、控制、能源、推进等技术于一体，是近20年来国际海洋工程领域发展的最尖端的技术之一。由于其成本和使用灵活性上的优势，近年来已成为海洋环境观测的重要工具。这固然得益于相关技术的成熟，更是源于科学研究、资源开发及军事应用的需求牵引。

　　随着人类探索海洋的愿望越来越强烈，动态海洋环境的研究已经从对大尺度、慢变过程的观测发展到对小尺度、快变过程的观察。区域海洋环境的动态变化对于特殊气候形成、灾害条件产生、污染起因、生物习性变迁以及实时战区警戒与反监测有着极其重要的影响。由于海洋是一个复杂的三维动态系统，仅仅采用表面或者定点的监测方式难以掌握海洋的全貌及其动态变化规律。搭载了各种探测传感器的水下移动观测平台，能够在大洋尺度内对热点海域进行垂直和水平剖面的搜索和数据采集，已经成为海洋环境探测不可或缺的工具。

　　目前，全世界范围内大力发展的水下移动观测平台主要包括：自主式潜水器（AUV）、自沉浮式剖面探测浮标（Free-drifting Profiling Float）及水下滑翔机（Underwater Glider）。这三种水下移动观测平台都属于无缆水下移动平台，具备不同程度的自主观测功能，对复杂海洋环境适应性强，而且体积小，成本低，活动范围大，使用方便及隐蔽性好；不仅可进行剖面观测，也可以按照预置程序对目标项目进行调查，还可以进入现场开展实地侦察。为了扩大航行范围，它们都被设计成流线型，以减小运动过程中的水阻力；外壳结构尽可能采用质量轻、浮力大、强度高、耐腐蚀、降噪的轻质金属合金或复合材料。其搭载的探测仪器可谓五花八门，涉及海洋物理、化学和生物传感器及各种各样的水声设备等。近些年来水下移动观测平台的应用越来越广泛，已成为现代海洋观测的标志性技术装备，它们与卫星遥感、锚系浮标和潜标定点监测相结合，可以构成海洋立体观测网络。

自主式潜水器

自主式潜水器是一种在水下工作的机器人，工作过程中不需要人员参与，通过预编程的方式实现自主控制，在水中可根据水下环境和航行任务自动完成轨迹规划、障碍回避、作业实施等操作。它具有类似小型潜艇或鱼雷的外形，依靠艉部的外置螺旋桨提供前进的推进力，在前进运动过程中通过尾舵实现姿态调节，自带通信、导航、控制及能源设备实现水下的自主航行，通过搭载各种传感器完成水下的观测任务。它是一种既经济又安全的水下探测工具，非常适合于海底精细地形地貌测绘、局部海洋环境监测、海洋资源勘探、海洋搜救与打捞。它在军事上亦大有作为，可以探测敌方军事目标，开展侦察活动，也可以跟踪敌方潜艇、舰艇等目标。

与载人潜水器相比较，自主式潜水器具有安全（无人）、结构简单、重量轻、尺寸小、造价低等优点。与无人遥控潜水器相比，它具有活动范围大、潜水深度深、不怕电缆缠绕、可进入复杂结构

中、不需要庞大水面支持系统等优点。自主式潜水器的机动和自治能力要比自沉浮式剖面探测浮标和水下滑翔机强，可以在海洋三维空间内自如地实现快速动作，能实现对一定范围海域观测任务的快速响应。自主式潜水器代表了未来水下机器人技术的发展方向，是当前世界各国海洋装备研究工作的热点之一。

自主式潜水器通常搭载声呐系统开展水下的探测任务，收集水下目标的信息。声呐系统不但可以实现水下信息的远距离传输，还可以对水下目标进行探测和定位，对水下目标和环境进行高分辨率的声成像。受自身体积和能源的限制，自主式潜水器对声呐系统的要求是尺寸小、质量轻及功耗低，通常搭载的成像声呐系统包括：对潜水器前下方物体和环境进行声成像的前视声呐，对潜水器下方和两侧进行运动扫描成像的侧扫声呐及对海底、湖底底质和沉积层进行成像的浅地层剖面声呐。搭载了声呐系统的自主式潜水器在水下防卫、海洋开发、水下工程等军事和民用领域具有广泛的应用。

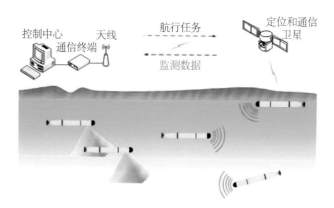

图5-1　自主式潜水器的典型工作状态

自沉浮式剖面探测浮标

自沉浮式剖面探测浮标，也叫自持式拉格朗日环流剖面观测浮标或中性剖面自动探测漂流浮标。因为它被广泛应用于Argo计划，所以一般称之为Argo浮标。Argo计划是一项世界范围内的大型海洋观测计划，主要进行全球海洋次表层海水的温盐剖面观测。Argo是英文Array for Real-time Geostrophic Oceanography的缩写，中文译为：地转海洋学实时观测阵，又因为Argo是希腊神话中英雄Jason所乘船的名字，所以成了该计划的名称。

Argo浮标在自身质量不变的情况下，通过改变体积的方式来改变本体的有效密度，实现水中的下沉和上浮，而体积的改变主要依靠液压系统来完成。液压系统由单冲程泵、皮囊、压力传感器和高压管路等部件组成，皮囊装在浮标体的外部，有管路与液压系统相连。当泵体内的油注入皮囊后使皮囊体积增大，致使浮标的浮力逐渐增大而上升。反之，柱塞泵将皮囊里的油抽回，皮囊体积缩小，浮标浮力随之减小，直至重力大于浮力，浮标体逐渐下沉。按照期望动作，在浮标的控制系统中输入预定程序，则Argo浮标会根据压力传感器测量的深度信息控制自身的运动状态。它可以自动测量海面到2 000米水深之间的海水温度、盐度和深度；也可以在海洋中自由漂移，并通过卫星定位，跟踪它的漂移轨迹，获得海水的移动速度和方向。

当浮标投放到工作海域后，它会自动潜入约1 500米深处的等密度层上，保持零浮力随深层海流漂浮，到达预定时间（约9天）后，浮标会继续下沉至2 000米左右的深度，然后从2 000米深度开始自动上浮，并在上升过程中利用自身携带的各种传感器进行连续剖面测量。当浮标到达海面后，通过卫星定位与数据传输系统自动将测量数据传送到卫星地面接收站，经信号转换处理后发送给浮标投放者。浮标在海面的停留时间需6～12小时，当全部测量数据传输完毕后，会再次自动下沉到预定深度，重新开始下一个循环过程。

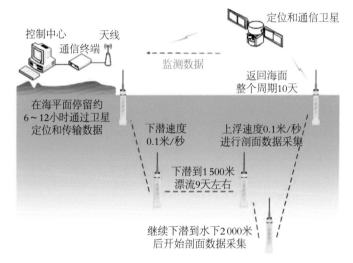

图5-2　Argo浮标的典型工作过程

水下滑翔机

水下滑翔机是在自沉浮式剖面探测浮标基础上发展而来的一种海洋观测技术，以弥补Argo浮标只能"随波逐流"、不能自主水平运动和定向航行的不足。也可以认为，水下滑翔机是一种新型的自主式潜水器。

典型的水下滑翔机有着与飞机相似的外形，主要包括机身、机翼及尾翼（或尾舵）。与Argo浮标类似，水下滑翔机通过改变自身的体积或质量改变其在水中受到的净浮力（重力与浮力之差），从而获得竖直方向上的下潜或上浮运动；与此同时，它通过改变重心和体心的相对位置，实现对自身俯仰姿态的调节；借助作用在机翼上的水动力产生水平方向的运动，从而实现纵剖面内的锯齿形滑翔运动。在滑翔运动过程中，通过摆动尾舵或调节横滚姿态还可以实现转向运动。水下航行时，滑翔机结合电子罗盘和压力传感器的信息，采用航位推算法完成水下粗略的定位和导航。滑翔机作为水下移动平台通过搭载不同的传感器进行海洋环境参数测量，包括温盐深传感器（CTD）、浊度计、海流计、溶解氧传感器、叶绿素荧光计、光学后向散射仪等。它定期浮出水面，接收来自定位卫星的定位信息，对航位推算结果进行校正，并通过通信终端与岸基的控制中心进行通信，上传水下观测数据，并接收新的控制指令。

　　因为水下滑翔机借助净浮力和水动力进行驱动，其航行速度和机动性不及螺旋桨驱动的常规自主式潜水器，但由于其功耗低，续航时间长，从时间和空间上极大地拓展了海洋实时动态探测的能力，它的巡航工作时间可达数周、数月甚至更长时间，航程达到数千千米。此外，因为它没有外部推进装置，航行过程中噪声很小，在对声学特性要求苛刻的科学和军事探测场合可以发挥不可替代的作用。所以，综合造价、自治能力和续航能力等方面因素，水下滑翔机与其他水下观测平台相比具有很大的性能优势和应用前景。

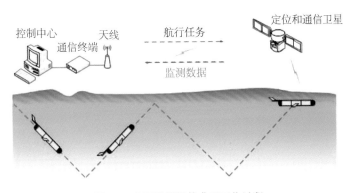

图5-3　水下滑翔机的典型工作过程

水下移动观测技术
发展历程回顾

    科学需求促进技术的发展，技术应用服务科学的探索。在海洋科学与技术相互作用下，水下移动观测技术经过半个多世纪的发展，从最初的样机开发研制到后来的样机定型产品化，可谓成果颇丰。目前，水下移动观测平台产品呈多样化的发展趋势，能够满足越来越多的海洋探测需求。

自主式潜水器的发展

    20世纪50年代末，美国华盛顿大学开始建造第一台无缆水下航行器"SPURV"，这台AUV主要用于研究小尺度水文变化、潜器尾迹和声学通信。之后由于技术上的原因，致使AUV的发展徘徊停滞多年。80年代，随着电子技术、计算机技术等新技术的飞速发展及海洋工程和军事方面的需要，AUV再次引起产业界和军方的关注。进入90年代，AUV技术开始逐步走向成熟。经过近40年的发展，AUV相关关键技术如导航、控制、环境传感系统、能源动力系统等取得了长足进展，使AUV系统自主水平不断提高，续航能力大幅增加。近年来，低成本、小型化、模块化、高可靠性、高稳定性已成为AUV系统主要发展趋势。目前，高水平、商业化小型AUV系统仍然以美欧等西方国家的科研机构和公司产品为代表。若干典型AUV系统如下。

1）REMUS系列

REMUS是Remote Environmental Monitoring Units的缩写，意为"远程环境测量单元"，最初是由美国伍兹霍尔海洋研究所海洋系统实验室（Oceanographic Systems Laboratory，OSL）研制的系列水下航行器，后来授权美国Hydroid公司实现样机产品化及后续产品开发。目前，REMUS已经从尺寸最小、工作深度最浅（100米）的REMUS 100发展到尺寸最大、工作深度最深（6 000米）的REMUS 6000。该型自主式潜水器以可靠性著称，可携带成像声呐、水下摄像机、温度盐度深度传感器、化学/光学传感器、声学多普勒流速剖面仪、水声通信节点等，可允许多台机器人协作观测。该型自主式潜水器自21世纪初投放市场以来，受到军方和民间用户的普遍欢迎。在军用领域，该型自主式潜水器可用于清除水雷并对军港进行警戒；而在民用领域，它被广泛用于水文测量、环境监测、科学采样和制图以及渔业调查。在2003年，REMUS被成功用于伊拉克战争，用来进行水雷探测；2011年，3台REMUS 6000在第四次法航AF447空难搜寻过程中，成功探测到牵动全世界人心长达3年之久的失事飞机"黑匣子"。

图5-4　REMUS AUV

2）Iver系列

Iver为美国OceanServer Technology公司的产品，目前主要有Iver2和Iver3两种系列、多种不同型号和配置的产品。它主要用于沿海水域的数据采集，工作深度一般在100米左右。它体积小，质量轻，容易操作，可实现单人布放和回收，是一套廉价的便携式AUV系统。最低配置单套系统售价为5万美元，可携带侧扫声呐、多波束声呐、声学通信机（modem），水下摄像机、CTD等仪器，主要应用于水下高分辨率成像。因其在近海地区高分辨率的成像功能，Iver受到全球海军客户的强烈认可。另外，Iver拥有开放的系统架构和直观的任务规划界面，亦可通过软件共享平台进行多AUV协作观测。在2013年初，OceanServer交付了第200套AUV，这标志着OceanServer跻身世界最知名AUV厂商行列。

图5-5　Iver AUV

3）Gavia系列

Gavia由冰岛Hafmynd公司在1997年开发，后来Hafmynd公司被美国Teledyne Technologies公司收购。目前Gavia已形成近岸调查型（Offshore）、科研型（Scientific）及军用型（Defence）3个系列商业化产品。该系统的最大特点是完全实现功能模块化，用户的功能模块可以在数分钟内完成更换，也可以方便快捷地完成AUV传感器和电池的重新配置。该AUV系统结构紧凑小巧，易于布放，操作简便，可进行水下声学、化学及光学环境观测。它种类丰富，可适用于200米、500米、1 000米及2 000米多种工作水深。目前Gavia已经被多个国家的科学家和商业用户所使用，并完成了多次失事船只和飞机残骸的搜寻工作，同时Gavia还被美国海岸警卫队及葡萄牙海军所装备。

图5-6　Gavia AUV

4）Bluefin系列

Bluefin是美国Bluefin Robotics公司的产品，早期由麻省理工学院研制，目前主要有Bluefin-9、Bluefin-12、Bluefin-21三个基本型号及其扩展型号。Bluefin的主要特点是质量轻，只需两个人即可完成操作；精确的导航定位能力，它融合了惯性测量单元及其他多种传感器的信息，包括GPS、DVL、CT传感器和一个罗盘，能提供航行距离0.3%的导航定位精度；周转和维护时间短，耐压防水电池和可更换的数据存储器将周转时间缩短至15分钟以内，而系统的模块化设计结构，非常方便进行现场维护；直观的软件操作程序，使得任务规划和监视非常容易实现。Bluefin在军事、商业及科研领域都有着广泛的应用，在2014年4月马来西亚航空公司MH370客机残骸的搜索过程中使用了Bluefin-21水下航行器。

图5-7　Bluefin AUV

5）Tethys

Tethys由美国蒙特雷湾海洋研究所研制，它属于AUV和滑翔机的混合系统。其外形、螺旋桨及推进机构经过精心设计，充分考虑了航行器的水动力特性以及螺旋桨的推进效率，内部电子设备采取了低功耗设计，从而使它具有滑翔机的长航程特点，但比滑翔机更具有自主性。Tethys是一种新型的超远距离航行的AUV系统，目前已经完成样机研制和测试。

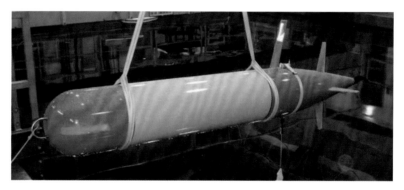

图5-8　Tethys样机

我国从20世纪80年代开始进行自主式潜水器研制工作，经过几十年的努力，解决了一大批关键技术问题。先后推出了"探索者"、7B8军用智能水下机器人、与俄罗斯联合研制开发的6 000米CR-01和CR-02等大型自主式潜水器，但这些水下航行器最终未能投入实际应用。2011年11月我国开始了6 000米自主式潜水器——"潜龙一号"的研制。"潜龙一号"是《国际海域资源研究开发"十二五"规划》重点项目之一，是中国大洋矿产资源研究开发协会为有效履行与国际海底管理局签署的多金属结核勘探合同，委托中国科学院沈阳自动化研究所牵头，联合中国科学院声学研究所等单位共同研制的实用化深海资源勘察装备。它是我国具有自主知识产权的首台6 000米深海AUV，以海底多金属结核资源调查为主要目的，可进行海底地形地貌、地质结构、海底流场、海洋环境参数等精细调查，为海洋科学研究及资源勘探开发提供必要的科学数据。

"潜龙一号"于2013年3月完成湖试验收，5月搭乘"海洋六号"科学调查船在南海进行首次海上试验，累计完成7次下潜，最大下潜深度4 159米，获得了海底地形地貌等一批探测数据。2013年10月，对东太平洋我国多金属结核矿区进行了试验性应用探测。在应用性试验的12天里，"潜龙一号"在太平洋下潜7次，在我国5 000多米多金属结核勘探区潜行作业近30小时，完成声学微地形地貌调查测线92.1千米。自此，"潜龙一号"成功迈出了试验性应用的第一步，创下了我国自主研制潜水器深海作业的新纪录。

CR–01

CR–02

"潜龙一号"

图5-9　不同型号的自主式潜水器

早期我国AUV系统发展主要以大型为主，近几年来，小型AUV系统得到越来越多的关注。中国科学院沈阳自动化研究所、西安天和防务公司、哈尔滨工程大学等多家单位围绕浅水、小型化、模块化和可重构的设计思想，先后研制成功了试验样机，通过湖试和海试对AUV的关键技术进行了深入研究和演示验证，获取了大量的试验数据。目前我国小型AUV系统发展正处于关键时期，同时又面临深入开发海洋这一大背景下的机遇，应利用现有的技术基础，积极推进相关的应用研究和产业化工作，早日赶上美欧的发展步伐。

自沉浮式剖面探测浮标的发展

海洋科学家和工程师们为了探测海洋表面和深层的海流，煞费苦心。海流的探测方式有两种：欧拉法和拉格朗日法。欧拉法是将测量仪器固定在空间坐标系中的某一确定位置，测量海水相对仪器的流动；拉格朗日法是让测量仪器随海流一起运动，通过记录测量仪器流动的轨迹和经历的时间，推测海流的大小和方向。基于欧拉法测流原理，发展了各种海流计，如机械转子式海流计、电磁式海流计、声学海流计；根据拉格朗日测流方法，发展了各种表面漂流浮标和中性浮力漂流浮标。拉格朗日法测流技术的关键在于两点：一是漂流浮标的设计，理想的设计是浮标能完全地跟随海流运动；二是漂流浮标的位置确定。

从20世纪50年代开始，美国海洋学家Henry Stommel和英国海洋学家John Swallow就致力于声学定位的中性浮力浮标（Neutrally Buoyant Float）的研究，并使用中性浮力浮标相继发现了深层流、深层逆流、深层涡流及其变异。但声学定位技术限制了这种浮标在大洋环流研究中的应用，因为大洋环流的直径往往是数千千米，在如此广阔的范围内，声学长基线定位技术已对漂流浮标的位置确定无能为力。70—80

年代卫星定位和通信技术的出现和发展，为大洋环流探测创造了新的契机。美国的Russ Davis和Doug Webb等人在80年代末将中性浮力浮标与卫星定位及通信技术相结合，发明了自持式拉格朗日环流探测器（Autonomous Lagrangian Circulation Explorer，ALACE）。探测器采用时序控制方式，在水下定深层漂移，到达预定时间后自动上浮至海面，通过卫星系统进行定位和通信，完成一个工作循环。它摆脱了声学系统定位能力的制约，不仅提高了布放作业的机动性，还扩大了应用范围，适用于卫星定位和通信所能覆盖的所有海域。

90年代初，Doug Webb等人进一步扩展ALACE的功能，用于海洋垂直剖面内的环境探测，开发了自持式拉格朗日剖面循环探测器（Profiling-ALACE，PALACE），也被称为自持式剖面探测浮标。PALACE的出现让海洋学家们首次获得长时序的海洋次表层海水的温度、盐度和深度的垂直剖面数据。自持式剖面探测浮标的发明是海洋观测技术的一次重大突破，PALACE应用技术的成熟激发了海洋科学家的创新思维，由此提出了全球海洋次表层温盐剖面观测计划，即为Argo计划。

Argo计划是由美国等国家大气、海洋科学家于1998年推出的一个全球海洋观测试验项目，构想用3～4年的时间（2000—2003年）在全球大洋中每隔300千米布放1个卫星跟踪的剖面探测浮标，总计为3 000个，组成一个庞大的全球海洋观测网。旨在快速、准确、大范围地收集全球海洋上层海水的温度、盐度剖面资料，以提高气候预报的精度，有效防御全球日益严重的气候灾害（如飓风、龙卷风、台风、冰雹、洪水和干旱等）给人类造成的威胁。Argo浮标可以测量水下2 000米范围内的温度、盐度、深度剖面数据，它的设计寿命为3～5年。如果不出意外的话，每个Argo浮标1年内可以提供约36个剖面的观测资料。截至2007年10月，世界上25个国家和团体已经在全球海洋中布放了5 000多个Argo浮标，一个由3 000个正常工作浮标组成的全球

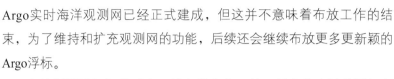

Argo实时海洋观测网已经正式建成，但这并不意味着布放工作的结束，为了维持和扩充观测网的功能，后续还会继续布放更多更新颖的Argo浮标。

自从剖面浮标问世以来，越来越多实用的、具有代表性的浮标在不断地涌现，美国、法国、加拿大和日本等国家一直拥有比较成熟的产品。目前，构建全球Argo实时海洋观测网的剖面浮标已经由当初的4种典型剖面浮标（如PALACE、APEX、PROVOR和SOLO），发展到现在的约15种（如APEX、PROVOR、PROVOR-Ⅱ、PROVOR-MT、SOLO、SOLO-W、SOLO-Ⅱ、SOLO-D、ARVOR、ARVOR-C、ARVOR-D、NAVIS-A、NEMO、S2A和NOVA），其中早期使用的PALACE型剖面浮标已经被淘汰，而APEX型剖面浮标则占总数的60%，PROVOR型和SOLO型浮标分别约占18%和12%。

目前，几种很有前途的新颖浮标均已进入试验或正式批量生产阶段，且呈向小型化、双向通信、全海区适用等方向发展的趋势，若干典型浮标系统如下。

1）NAVIS型剖面浮标

该型浮标由美国海鸟公司（Sea-Bird Electronics，SBE）研制生产，安装了SBE-41CP CTD传感器，有效剖面观测深度约2 000米，其充足的内置电源至少可以测量300个剖面。NAVIS型剖面浮标除了携带CTD传感器（标准型）外，还可加装叶绿素a光学传感器、硝酸盐紫外分析仪和多光谱传感器。该型浮标总长度为159厘米，圆柱外壳直径仅为14厘米，其质量约为18.5千克。美国国家海洋与大气管理局太平洋海洋环境实验室（Pacific Marine Environmental Laboratory，PMEL）自2012年1月以来累计布放了不少于87个NAVIS型剖面浮标。

2）NOVA型剖面浮标

该型浮标由加拿大MetOcean公司生产。NOVA型浮标在不同深度上具有不同的采样间隔：500～2 000米范围内为5米，100～500米之间为2.5米，而2～100米之间为1米。温、盐度测量均使用泵抽采样方式，在2米水深时停止采样。在过去的浮标型号中，最浅的观测层在5米水深处，而最浅的非泵抽式采样在水面附近。2012年，德国和加拿大分别布放了2个和27个NOVA型浮标。

3) SOLO-Ⅱ型剖面浮标

SOLO-Ⅱ型剖面浮标由美国斯克里普斯海洋研究所（Scripps Institution of Oceanography，SIO）和MRV Systems公司联合生产。它比上一代SOLO-Ⅰ型浮标更小、更轻、更高效（表5-1），可在世界任何海区观测0～2 000米范围的剖面。SOLO-Ⅱ浮标寿命为200个周期，采用连续采样方式观测，其中20～2 000米采样间隔为2米，1～20米间隔为1米。该采样方式花费的电池能量为9.5千焦/循环，其中63%的能量用于浮力，32%的能量用于CTD测量，剩下的能量用于通信、GPS定位以及控制器。该型号浮标耗能小，可以加装3组电池，具有完成300个剖面观测的能力。

表5-1 SOLO-Ⅰ型与SOLO-Ⅱ型剖面浮标性能比较

规格参数	SOLO-Ⅰ	SOLO-Ⅱ
主压力罐长度（米）	1.04	0.66
质量（千克）	30.4	18.6
最大潜深（米）	2 300	2 300
下潜次数	约180	约300
通信方式	Argos	Iridium，Argos-3
海面停留时间（小时）	12	0.25
CTD	SBE-41	SBE-41CP

4) 深海NINJA型剖面浮标

日本海洋地球科学技术中心（Japan Agency for Marine-Earth Science and Technology，JAMEST）与TSK公司一起于2009年开始研

制深水NINJA型剖面浮标，目标是观测3 000米以下的深海区，最大剖面观测深度可达4 000米。该型浮标总长度为210厘米（包括天线），圆柱形铝合金耐压壳体直径为25厘米，空气中的总重量约为50千克，可适用于从热带到高纬度的季节性冰覆盖区域。2012年12月，利用"阿黛利"号调查船在南大洋布放了4个深海NINJA型剖面浮标（其中3个位于阿黛利沿岸、1个在新西兰以南海域）以观测南极底层水的变化，这些浮标均工作正常。深海NINJA型剖面浮标已经在2013年4月开始推广至商用，常规采用SBE-41CP CTD传感器，并可增加溶解氧传感器。截至目前，已经累计布放了14个该类型浮标，成功获取了南极海冰下的深层观测剖面。

图5–10　SOLO-Ⅱ型剖面浮标　　　图5–11　深海NINJA型剖面浮标

5）深海APEX型剖面浮标

该型浮标由美国Teledyne Webb Research公司开发研制。2011年完成了浮标的基本机械和电子设计，开展了初步的玻璃材料测试，并确定使用玻璃球体作为浮标外壳。2012年完成了10 000米压力下500个循环的球体测试。2013年2月26—27日，完成了大于6 000米水深的一条剖面。在完成6 000米以上水深的多剖面和可压缩性测试以及高度计、浊度仪、锂电池的测试后推广为商用。

6) C-Argo剖面探测浮标

在剖面浮标的研制方面，中国船舶重工集团有限公司第七一〇研究所自2007年开始进行HM500型C-Argo剖面探测浮标的研制和生产，历时5年，经历了技术储备、用户使用和设计改进小批量生产三个阶段，攻克了研制和生产中的关键技术难题，已经形成了产品并投入实际应用。HM500型C-Argo浮标属于浅海型剖面浮标，能够实现海面至水下400米深度范围内的海洋环境温盐剖面数据观测，并通过北斗卫星将观测的海洋环境信息和浮标位置信息发送到岸站，浮标具备远程控制功能，具备防搁浅、高海况规避及数据自毁等智能化控制功能。试验及实际应用表明，C-Argo浮标工作寿命、测量深度范围、人机交互及数据安全传输等性能满足技术指标要求。C-Argo浮标的研制成功为建立我国自主的C-Argo浮标监测网奠定了装备技术基础。

中国Argo计划自2002年初组织实施以来，已经在太平洋、印度洋等海域投放了317个Argo剖面浮标，截至2014年10月有187个浮标仍在海上正常工作。中国Argo计划的总体目标是，通过引进国际上新一代、先进的Argo剖面浮标，施放于邻近我国的西北太平洋海域（少量浮标将视情形布放到东印度洋和南大洋海域），建成我国新一代海洋实时观测系统（Argo）中的大洋观测网，使中国成为国际Argo计划中的重要成员国。

水下滑翔机：
从幻想到现实

　　水下滑翔机结构轻巧，操作简单，续航能力持久，具备在水下三维空间进行全天候工作的能力，已经成为海洋科学研究人员的得力助手，使他们不必离开办公室就可以钻入海洋探幽访胜。无论海面如何风高浪险，水下滑翔机都能游刃有余地完成水下的航行任务，忠实地将海洋环境的观测数据、洋流的走向信息连同鲸的"情话"统统汇报给研究人员。与众多来源于陆上技术的海洋观测平台不同，水下滑翔机起源于海洋，应用于海洋，其发展历程充分体现了海洋科学与技术的交叉与融合。

Stommel的幻想

　　1989年，美国著名物理海洋学家Henry Stommel在《海洋学》（*Oceanography*）杂志上发表了一篇科幻题材的文章，名为《Slocum使命》（*Slocum Mission*），Slocum是一款水下滑翔机的名字，自此水下滑翔机的概念登上历史舞台。文中作者以一位生活在2021年的海洋工程师身份对水下滑翔机的发展历程进行了回顾和总结。

　　文中介绍，水下滑翔机概念的提出主要基于两方面原因：一方面是源于人们对海洋环境监测越来越多的关注，大家会问：海水温度在升高吗？哪里的海洋环境有污染发生？我们是否可以建立海洋环流的理论模型，运用这些模型对气候的变化趋势进行预测？而另一方面，在当时的海洋探测技术水平下，仅仅借助一定数量的常规调查船，很难获得海洋深处大量的、分散的数据信息。所以，海洋科学家们急需一种新颖高超的探测方法，这种方法在思路上可以借鉴气象学家的高空热气球探测网络，希望提供的水下观测数据在测量尺度和更新速率上，可以与卫星遥感的海面测量数据相媲美。基于海洋科学观测的实际需求，作者大胆设想了水下滑翔机的技术实现方案，文中对水下滑翔机的工作状态作了如下的描述：

"每天有上千台水下滑翔机广泛分布在海洋中，不间断地进行着全球海洋信息的搜集工作。它们从海洋温差中获取能量，通过改变压载舱来实现纵向的沉浮运动，同时通过调整自身的俯仰姿态，在机翼上产生的水动力作用下，实现水下的滑翔运动。这些水下滑翔机通过搭载一些传感器采集海洋环境信息，它们每天浮出水面6次，通过卫星传输收集到海洋信息，并接收来自控制中心的指令，这些指令告诉它们水下航行的路线。它们的航行速度不高，大概在0.2米/秒左右。"

文章同时提出了水下滑翔机所必须具备的四大特点：建造和操作费用低；作业时间长；航行距离远；能够实现自动控制和协同作业。这些优点能够保证水下滑翔机对海洋进行高时空密度监测的能力，可以提高人类对海洋环境的认知水平。此外，作者还对水下滑翔机的科学应用进行了美好憧憬，他在文章中这样写道：

"这场比赛将Slocum演变成探险者，促成今天任务控制中心这些卓越科学项目的开展。现在有超过300台Slocum随时为数十个科学研究项目效力，其中40台专门用于墨西哥湾暖流和黑潮回流的研究。到目前为止，Slocum装备已经为这些区域海洋参数的概要描述和映射关

系确立采集了大量数据，还汇总了15年内每个观测区域的低频变化参数的统计结果，这些测量信息极大地促进了对观测区域物理过程的理解及数值模型的建立。其他的Slocum被用于提高本地数据库的测量精度及进行偏远海洋区域的科学研究，比如分析赤道动力学、观察溢出流和西部边界流。这些探索性研究项目中的一些研究已经持续开展了10年或更久，其中最早的一项关于印度洋赤道环流的研究，是在1988年由一些富有远见卓识的海洋学家提议的。还有几台Slocum在西太平洋的棉兰老岛（Mindanao）布放，由控制中心遥控通过印度尼西亚群岛间的多条通道，比如班达海（Banda Sea），通过印度尼西亚群岛后抵抗住当地盛行的洋流影响，尽量维持在原地，以这种方式观测海水从太平洋通过印度尼西亚群岛到达印度洋的输送过程。这部分研究工作持续了2年的时间，直到获得基于统计数据的海水输送过程估计模型后才结束。随后Slocum被用于调查印度洋南纬10°附近的水团锋面，着重观测涌向马达加斯加昂布尔角（Cape d'Ambre, Madagascar）西北方向的那部分环流。结果发现，大部分时间内这些水流都向北穿过赤道汇入索马里洋流；再后来的几年，又发现那些索马里洋流的中层水体还逃离了阿拉伯海奋力向南流动穿越了赤道。"

"我最喜欢开展的项目总是基于那些有好奇心的人灵机一动的想法。我们试图保留总数20%的Slocum用于验证这样的突发奇想。这些Slocum总能以意想不到的方式来揭示未知海洋的新维度，这个过程通常都令人兴奋不已。比如，我们曾用少量的Slocum跟随鲸群的迁徙，甚至还破译了鲸的语言。我们对政治动荡的地区进行了探测，在这种地区常规的调查船是难以放行的。我们总是乐于为科学家服务，去验证他们不同寻常的新想法，不惜放弃军事任务和更多的民用监测项目。过去的经历告诉我们，越是非传统的想法越是让我们收获更多的知识，尤其当这个想法与大众见解相冲突时。"

水下滑翔机的多样化发展

Henry Stommel正式提出水下滑翔机的概念后，开始与Doug Webb探讨水下滑翔机的具体研制方案。1990年，Doug Webb 等人得到美国海军研究办公室（Office of Naval Research，ONR）的支持，研发出了电能驱动的水下滑翔机（Slocum Electric）。1991年1月和11月，电动 Slocum 样机分别在美国佛罗里达州的沃库拉泉（Wakulla Springs）和纽约州的塞尼卡湖（Seneca Lake）进行了循环下潜上浮试验，测试了水下滑翔机的直航与转弯性能。

图5-12　Slocum Electric水下滑翔机

与此同时，Doug Webb团队进行了温差能驱动的水下滑翔机的开发工作。1992年，Webb团队成功研制出了将温差能转化为液压能的热机系统，并在1995年10月研发出第一台利用较小温差而获得驱动能量的垂直升降样机平台，还在大西洋百慕大群岛附近的马尾藻海（Sargasso Sea）对其性能进行了测试。试验成功后，Webb团队将热机系统与电驱动的水下滑翔机结合起来，研制出了温差能驱动的水下滑翔机（Slocum Thermal）。温差能驱动的水下滑翔机利用工作海域表层和深层海水的温差为水下的滑翔运动提供能量，这样充分地利用海洋能获得了持久续航的能力，从而实现了Henry Stommel的设计初

图5-13　Slocum Thermal水下滑翔机

图5-14　Seaglider水下滑翔机

图5-15　Spray 水下滑翔机

衷。1998年8月，第一台使用了温差能驱动热机系统的水下滑翔机在纽约州的塞尼卡湖进行测试，证明了温差能驱动的水下滑翔机设计方案的可行性。

虽然温差能驱动的水下滑翔机续航能力比较强，但是其用于"吸收"温差能的热机系统只有在温度梯度变化明显的海域才能有效地工作，所以这种水下滑翔机的应用受到地域限制。鉴于此，自身携带电能进行驱动的水下滑翔机在后续研制过程中得到大力发展。同样在美国海军研究办公室的资助下，美国华盛顿大学（University of Washington）应用物理实验室（Applied Physics Laboratory，APL）的Eriksen等人在1999 年成功研制了Seaglider水下滑翔机。同一年，美国伍兹霍尔海洋研究所和斯克里普斯海洋研究所的Sherman等人成功研制了Spray水下滑翔机。

目前，以上介绍的4种典型水下滑翔机：Slocum Electric、

Slocum Thermal、Seaglider及Spray都已经实现了产品化，在实际应用中都有着十分出色的表现，是海洋观测任务不可多得的助手，它们的基本规格参数见表5-2。

表5-2 典型水下滑翔机的基本规格参数

规格参数	Slocum Electric	Slocum Thermal	Seaglider	Spray
长度×直径（米）	2.15×0.213	2.15×0.213	3.3×0.3（最大）	2.13×0.2
翼展×弦长（米）	0.98×0.1	1.2×0.09	1×0.16	0.98×0.1
质量（千克）	52	60	52	51
最大潜深（米）	200	1 200	1 000	1 500
航行速度（米/秒）	0.4	0.4	0.25	0.27
续航能力	1 500 千米/（20天）	40 000 千米/（3～5年）	4 600 千米/（200天）	4 800 千米/（180天）

在发展典型水下滑翔机的同时，水下滑翔机也进入了多样化发展的新阶段。2003年，Webb研发公司开发了一种具有水下滑翔和坐底观测功能的水下滑翔机Discus。它可以根据需要潜伏在海底，由于采用透镜形状，减少海底水平海流产生的阻力，能够保持很好的坐底稳定性，可作为观测平台进行长时间的坐底观测。

从2004年开始，斯克里普斯海洋研究所的海洋物理实验室（Marine Physical Lab，MPL）和华盛顿大学的应用物理实验室在美国海军研究办公室的资助下进行了Liberdade系列飞翼水下滑翔机的研制。飞翼水下滑翔机是目前世界上知名的最大型号水下滑翔机，它采用机翼机身融合的外形结构，用来提高滑翔运动的升阻比，获得高效的水动力性能，进一步提高水下滑翔机的续航能力。它的设计滑翔速度为1~3节（0.5~1.5米/秒），翼展可达6.1米，设计水深为1 200~1 500米。飞翼水下滑翔机作为无人巡航器，通过搭载水听器阵列等声学探测设备，已成为美国海军近岸海底持久性监测网络的成员。第一代飞翼水下滑翔机XRay1和XRay2分别在2006年和2007年相继问世。2006年，Xray1在蒙特雷湾（Monterey Bay）进行了第一次海试；2008年，升阻比高达20∶1的Xray2也进行了多次现场试验。2010年最新一代飞翼水下滑翔机ZRay完成研制，ZRay的升阻比更高，高达35∶1，采用水射流的方式实现准确的姿态控制及水面的推进。

图5-16　Discus 水下滑翔机　　　图5-17　ZRay飞翼水下滑翔机

　　日本海洋地球科学技术中心联合九州大学（Kyushu University）应用力学研究所（Research Institute for Applied Mechanics），提出使用水下滑翔机作为虚拟锚系进行海洋长期观测的理念，设计了Tsukuyomi水下滑翔机。Tsukuyomi的质量140千克，长2.4米，最大下潜深度达3 000米。为了延长观测时间，Tsukuyomi可以像Argo浮标一样"沉睡"在海底，停留在指定水域长达1年时间进行海洋环境的长期监测，"苏醒"后会在海面和海底间进行周期性下潜和上浮运动，采集海洋环境数据。它在海面借助GPS进行定位，如果漂移出指定区域，会对自身位置进行纠正，返回指定监测区域。所以，可以认为Tsukuyomi是一种具有水平位置纠正能力的Argo浮标。2012

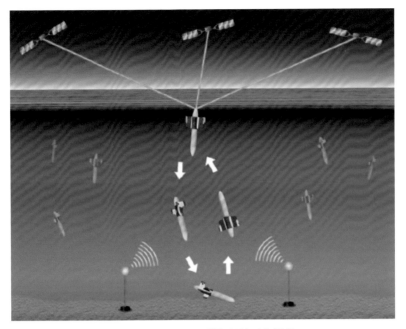

图5-18 Tsukuyomi滑翔机的工作原理

年3月Tsukuyomi水下滑翔机的1/2比例样机在日本的相模湾（Sagami Bay）进行了第一次海试，验证了它的运动稳定性、机动性等各项基本功能。

海洋波浪中拥有着大量的可用能量，基于这种"诱惑"，Roger Hine等人开始了对波浪能滑翔机（Wave Glide）的研制。波浪能滑翔机借助海洋波浪能进行驱动，基本上可以获得无限的推进能力，为海洋观测提供了一种新型移动平台。对波浪能滑翔机的研究始于2005年，早期样机

图5-19 Tsukuyomi滑翔机1/2比例样机

研制的成功促使2007年Liquid Robotics公司的成立，实现了波浪能滑翔机的产业化发展。

  波浪能滑翔机是由水面和水下两部分构成的，水上的浮体平台与水下的滑翔机构通过一根柔性缆连接在一起。浮体平台上装载着控制、通信、导航及搭载的传感器等各种电子设备。平台表面覆盖着太阳能电池，为滑翔机携带的所有电能负载供电。波浪能推进系统采用单纯的机械结构实现，它直接将波浪的上下运动转化为滑翔机的向前运动，并非将波浪能转化为电能后再将电能用于机械驱动。如同飞机借助机翼产生向上的推举升力，波浪能滑翔机位于水下的滑翔机构相对海水在海面波浪的作用下在竖直方向上运动，借助于倾斜机翼将竖直方向上运动的一部分转化为向前的运动。海面波浪的幅值决定作用在浮体平台上的拉力大小，而作用在浮体平台上的拉力进一步决定波浪能滑翔机的前进速度，比如，借由约0.9米（3英尺）的海浪产生的驱动力，Wave Glider滑翔速度可以达到1.5节（约0.77米/秒）。水下滑翔机构通过一个可控尾舵实现转向，拖曳水面的浮体沿着预定轨迹航行。波浪能滑翔机的质量、体积及连接缆长是经过反复优化设计而确定的，保证滑翔机无论在活跃的海域还是在平静的海域都具有高效的波浪能推进能力。然而，由于波浪能水下滑翔机结构和运动原理的特殊性，它只能用于海洋浅层水域的观测。

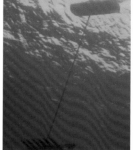

图5-20　波浪能滑翔机

近年来，我国的科研院所不断加大对于水下滑翔机的研制力度，并获得显著的进展。其中，天津大学和中国科学院沈阳自动化研究所分别开展了对1 500米下潜深度、电能驱动水下滑翔机的研制，并于2014年3月在南海东北部试验海区进行了海试，实现了我国深海水下滑翔机海上长航程"比翼双飞"的良好开端。

水下探"幽"访"胜"

水下滑翔机的发展一直与海洋科学研究和工程应用紧密相关，它作为海洋探测平台在海洋科学观测、工程调查及军事监测等应用领域有着出色的表现。

科学观测

水下滑翔机最受宠的应用领域是科学研究领域。对于捉襟见肘的海洋学家们来说，与其他探测方式相比，使用水下滑翔机可以获得非常令人满意的性价比。它可以持续观察研究对象的"一举一动"，为科学研究提供大量的观测数据。水下滑翔机通过搭载各种传感器获取海水温度、盐度、叶绿素荧光谱和背散射光谱及海洋洋流等信息，用于海洋物理、化学和生物学研究；另外，通过搭载声学负载，水下滑翔机还可以对水下声学环境进行长期实时的监测。Henry Stommel在《Slocum使命》中的种种科学幻想已经渐渐变为现实。

1）海洋环境参数观测

从2005年起，美国斯克里普斯海洋研究所和伍兹霍尔海洋研究所开始使用Spray水下滑翔机在加利福尼亚洋流系统（California Current System，CCS）的北部进行与海洋物理和生物学相关的观测。观测到的数据包括洋流速度、温度和盐度剖面、声学多普勒剖面、叶绿素a荧光光谱及750千赫声学背散射光谱等，滑翔机的采样数据揭示了海洋物理和海洋生物变量之间的紧密关系。此外，斯克里普斯海洋研

究所的海洋学家在2006年秋季，利用Spray水下滑翔机对圣佩德罗海湾进行了采样调查，证实了滑翔机在洋流复杂、人为输入因素显著的沿海地区进行海洋环境监测的能力。美国华盛顿大学的研究人员借助Seaglider水下滑翔机、浮体和卫星高度计等探测手段对阿拉斯加海湾涡流的深度–径向结构进行调查，滑翔机从2005年8月中旬至2005年10月底横穿阿拉斯加海湾涡流7次，期间发现了很多令物理海洋学家感兴趣的海洋流动特征。2007年英国和加拿大的研究人员借助1 000米Slocum水下滑翔机，采用多种洋流测量（或估算）途径对地中海西北部的洋流进行了测量。加拿大的国家研究委员会联合纽芬兰几所大学的研究人员开展了基于Slocum水下滑翔机的航迹规划算法的研究，该滑翔机在纽芬兰和拉布拉多暗礁海域进行了采样，采样数据用于海洋数值模型的开发，同时也可对现有的海洋洋流和气候模型进行验证和修正，进而提高海洋预测的精度。2009年12月，西班牙的研究人员将Seaglider水下滑翔机用于西地中海海气交互特征的观测研究，观测的数据包括海水深度方向的温度、密度和布伦特–维萨拉频率等数据。

此外，水下滑翔机在极地考察和天气预报过程中，发挥着越来越大的作用。目前，美国威廉玛丽学院（The College of William & Mary）弗吉尼亚海洋科学研究所（Virginia Institute of Marine Science，VIMS）正在使用一台名叫冰龙（Ice Dragon）的水下滑翔机探测南极的冰架情况。而Teledyne Webb公司的暴风雨滑翔机（Storm Glider）正潜伏在容易发生飓风的海下，在极端天气出现时不断传回相关的观测数据。

2）海洋生物探测

水下滑翔机在水下非常安静地运行，就像一位研究人员形容的那样："它们能倾听到鱼儿的打嗝声。"水下滑翔机通过配置声学设备，可以对海洋哺乳动物物种的存在和分布情况进行低成本、长期、有效的监测。美国南佛罗里达大学的科学家们曾借助一台滑翔机偷听鱼儿的"对话"，成功地标示出了西佛罗里达大陆架里红斑鱼鱼群和蟾鱼鱼群的分布情况。

2006年8月，华盛顿大学的科学家在蒙特雷湾（Monterey Bay）的沿岸海域布放声学Seaglider水下滑翔机，进行鲸的呼叫声音的探测试验。滑翔机一共进行了401次下潜，期间记录了超过107小时的声学数据，其中包含了多种多样的海洋生物的声学信息。从2008年1月至2011年6月，华盛顿大学受美国海军研究办公室资助开展了海洋哺乳动物的被动自主声学监测计划，目的是为Seaglider水下滑翔机开发被动声学探测系统，用于突吻鲸的探测。该声学滑翔机在美国海军控制的AUTEC和SCORE海域进行了4次探测试验，并在AUTEC海域4千米范围内发现了突吻鲸的存在。2009年10月，俄勒冈州立大学（Oregon State University）在夏威夷海域使用Seaglider水下滑翔机进行突吻鲸等海洋生物的生活习性调查。在这次海洋调查中，滑翔机在3周时间内航行了近390千米，获取了194小时的声学数据，成功记录了突吻鲸的声学特性，进而确定了它们的活动范围并进行跟踪。借助声学滑翔机近乎实时的探测和回报能力，可以在对哺乳动物有危害作用的人为活动（如地震勘探、石油开采或海军声呐演习）发生时，对海洋哺乳动物采取有效的保护措施。此外，因为极地环境是许多濒临灭绝的海洋哺乳动物的重要栖息地，滑翔机的冰下操作能力，可以对人迹罕至的极地环境中的海洋哺乳动物进行调查。

3）协同作业

随着水下滑翔机技术的发展，它在大型海洋观测项目中得到了越来越广泛的应用，不但参与多台水下滑翔机的编队作业，还与其他海洋观测装备一起开展协同作业，从而为海洋科学研究提供更加丰富全面的观测数据。

1996年，美国罗格斯大学（Rutgers University）的近岸海洋观测实验室（Coastal Ocean Observation Lab.，COOL）在美国新泽西州塔

克顿（Tuckerton）附近海域建立了一个15米等深线的长期生态系统观测站（Long-term Ecosystem Observatory at the 15 m Isobath， LEO-15），用于对30千米×30千米沿海水域环境的物理/生物学变化进行实时观测和预测。为此，观测站广泛采用了来自卫星、飞机、调查船、锚系和剖面浮标及自主水下航行器的观测数据。Slocum水下滑翔机在1999年参与了LEO-15观测站的试验研究，这次水域试验表明，水下滑翔机可以很好地弥补螺旋桨推动的水下自航行器水下工作时间短的不足，显示了较好的应用前景。2000年7月，Slocum水下滑翔机在LEO-15观测站进行了为期10天的观测试验，获取了5 190个温度、盐度以及洋流的剖面数据。此后，拉特格斯大学对现有观测站进行了扩建，致力于面积更为广阔、功能更为强大的海洋观测系统的开发，并对水下滑翔机的编队应用进行了研究。

多台Slocum水下滑翔机在2003年1月提出的欧洲地区海洋环境安全（Marine Environment and Security for the European Area，MERSEA）计划中扮演了重要角色。MERSEA旨在为用户提供全球及区域性海洋监测和预报服务，并为安全有效的近海活动、环境管理和海洋资源可持续利用提供技术支持，其观测平台主要有浮标、调查船和水下滑翔机，并通过多种数据融合对海洋进行建模。该计划在地中海西部进行了一系列的水下滑翔机布放试验，共得到1 500个深海数据点（约1 000米深）和1 700个浅海数据点（约200米深），累计完成了4 118千米航程的观测任务。所有的海水温度、盐度剖面及溶解氧、叶绿素荧光性及浑浊度数据被上传至数据中心，进行数据筛选、同化处理和发布。

2004年美国伍兹霍尔海洋研究所使用了5个Slocum水下滑翔机在吕宋海峡（Luzon Strait）以东的菲律宾海（Philippine Sea）构建了虚拟锚系观测阵，对100千米×100千米海域的中尺度变异和浮游生物进行了为期10天的连续观测，获得了重要的观测结果。2006年8月美国的海洋研究机构联合开展了自适应采样与预测（Adaptive Sampling and Prediction，ASAP）试验研究。ASAP研究旨在蒙特雷湾布放一个全尺度的自适应海洋采样网络，将自治、自适应控制的水下移动平台的采样数据与实时、数据同化的动态海洋模型集合在一起，对蒙特雷湾西北部22千米×40千米范围、0～1 000米深度海域的海洋环境动态变化进行充分的观测和预测。试验验证了10台异构编队的水下滑翔机（2个系列：Slocum和Spray水下滑翔机）通过协同控制进行海洋采样的有效性，其中6台滑翔机实现了长达24天的自主协同作业。

工程调查

水下滑翔机除了可以在海洋科学研究领域大展身手外，它在海洋工程调查方面也有着不俗的表现。早些时候，来自美国拉特格斯大学、哥伦比亚大学（Columbia University）和波士顿大学（Boston University）的科学家操纵一台水下滑翔机从纽约市哈得孙河入海口处溯流而上，耗时两周调查通过河口的印染废料如何污染邻近的大西洋海域。自2010年4月发生墨西哥湾石油泄漏以来，Slocum、Spray和Seaglider水下滑翔机都用于了墨西哥湾的水域调查，对海水的污染情况进行了跟踪和监测，为研究溢油对海洋生物的影响提供了大量有价值的数据。同一年，美国俄勒冈州立大学的科学家使用水下滑翔机观察到了西南太平洋汤加王国（The Kingdom of Tonga）附近盆地海底火山的爆发。2011年，研究人员使用Slocum水下滑翔机追踪到了因为地震而损坏的日本福岛核反应堆泄漏于海上的辐射。此外，加拿大纽芬兰纪念大学使用配备了声呐系统的水下滑翔机进行冰川监测，考察冰川对水下光缆和其他海底基础设施的威胁。

军事监测

水下滑翔机在军事领域的应用也渐入佳境，它是理想的水下侦察兵。因为水下滑翔机没有螺旋桨，航行过程中不会产生噪声，所以很难被侦测到，通过搭载水听器，非常适合搜集水下情报。它可以借由潜艇运送至海底，必要时可以在水下潜伏很长一段时间。无论是水下航行的深潜器还是海面逡巡的船只，经过滑翔机附近都会被探测到，而这些船只并不会意识到自己已经"中招"。

美国海军已经从Teledyne Brown公司订购了150艘近海监测滑翔机（LBS-G），合同总价值高达5 310万美元。这些滑翔机开始将被单独使用，用于研究海洋环境对声呐性能的影响；最终，它们将会以相互协调的方式工作，组建成一个海洋监测网络，进行全面的近海环境监测。

决胜千里之外

水下滑翔机因其运动原理的特殊性，不但航行过程中耗能少，而且还可以借助海洋能实现自我能量补给，从而造就了它持久的续航能力。这一性能优势使得海洋科学家"运筹帷幄之中"，水下滑翔机便可以"决胜千里之外"。

2004年9月，一台Spray水下滑翔机在美国新英格兰（New England）附近的海域布放，航行1 000千米，成功穿越了墨西哥湾暖流（Gulf Stream）航向百慕大群岛（Bermuda）。2007年12月，伍兹霍尔海洋研究所与维尔京群岛大学（University of the Virgin Islands）在加勒比海（Caribbean Sea）的圣托马斯（St. Thomas）海岸布放了一台温差能驱动的水下滑翔机Slocum WT01，对温差能驱动水下滑翔机进行了第一次正式外海试验。这台滑翔机在圣托马斯和圣克罗伊岛（St. Croix）之间巡航75次，航程超过了3 000千米，并于2008年4月顺利回收，这次海试证明了温差能驱动水下滑翔机性能的稳定性以及工程实用的可行性。为了调查海水温度及气候变化，美国拉特格斯大学研制了Scarlet Knight水下滑翔机。2009年4月，Scarlet Knight在新泽西州的海岸布放，并于12月4日在西班牙回收，成为第一台横跨大西洋的水下航行器。在此次航行中，Scarlet Knight 获取了大量的海洋200米表层海水数据，为海洋与大气的相互作用研究做出了重要贡献，也为气候变化对海洋生态系统的影响研究提供了宝贵数据。

从2006年开始，续航能力更为持久的波浪能滑翔机进行了长期的布放试验，累计航行距离128 000千米，单次最长布放时间超过500天，最长点对点航行距离超过5 000千米。此外，波浪能滑翔机灵活搭载传感器的优越性能在多次航行试验中得以验证，包括：搭载盐度和温度等传感器进行物理海洋学参数测量；搭载声学传感器组建海啸预警网络；搭载高频声学记录仪进行海洋哺乳动物监测；搭载声学多普勒流速剖面仪对海面洋流进行测量等。诸多布放试验表明波浪能滑翔机是一种低成本多功能的海洋长期实时探测平台。

今天海洋科学的发展对海洋观测技术提出了更高的需求，多学科、多尺度、长时间的观测是解决全球变化背景下海洋环境变化及其气候资源效应预测的重要保障，这种观测的需求带来了水下滑翔机的进一步发展。如何在水下滑翔机这一观测平台上集成物理、生物、化学等多参数传感器来同步获得海洋物理和生物地球化学环境信息，对于研究海洋物理与生物地球化学过程之间的耦合作用非常重要；同样如何在水下滑翔机平台上进行多尺度过程观测，如湍流微结构观测，将为正确认识海洋多尺度过程相互作用机理，提高海洋环流模式模拟与预测能力提供重要支撑。水下滑翔机在热点剖面的长期持续观测中发挥不可替代的作用，需要有可持续的能源支持，新型的以温差能、波浪能为动力的水下滑翔机将为跨海盆、全水深、多学科、多过程长期连续观测带来希望。即便如此，因为能量捕获原理的特殊性，各种类型水下滑翔机的应用场合还有其局限性，所以需要海洋科学和技术工作者继续联起手来，发散思维，大胆设想，创造出更加新颖实用的水下移动观测平台。

水下移动观测
技术展望

    海洋观测技术发展的最终目的是有助于我们了解、认识海洋。诚然，无论何种海洋观测手段都有其缺陷，例如，无论是浮标、潜标、岸基台站还是船基海洋观测技术，它们只能观测到有限的点、面或层次的海洋环境要素；海洋遥感技术虽具有宏观大尺度、快速、同步和高频动态观测等优点，但只能观测到海面的一些环境要素，而对于海洋次表层以下的环境动力特征则鞭长莫及，同时还可能受云层和扫描轨道等因素限制；水下移动观测平台因为数量有限，即使在协同工作的前提下，也只能对热点海域的有限特征进行追踪和观测。因此，只有将水下移动观测技术与诸多观测手段有效地组合在一起，互相取长补短，构成海洋环境立体观测网络，才能描绘出浩瀚海洋的三维图景，为更多痴迷于海洋探索的人们打开方便之门。

    由于海洋深广辽阔，对整个海面、全部水深都布设观测仪器是不现实的，在有限的观测数据前提下，通过建立海洋三维数值模型对相关的海洋特征进行数值仿真，可以在增加对相关海洋特征认识的同时对其发展趋势进行预测。观测数据不但可以用作数值模型的输入条件，也可以用来验证和优化数值模型的准确性。进一步地，借助海洋数值模型的仿真结果对水下移动观测平台的布放和航迹规划提供理论指导，有利于充分发挥移动平台的观测效用。所以，只有将海洋观测技术与科学的数值仿真方法有机地结合，二者相互促进、共同发展，才能更加全面深入地认识那如此令人着迷的神秘海洋。

Chapter 6

第六章

龙宫探宝
——渔业声学

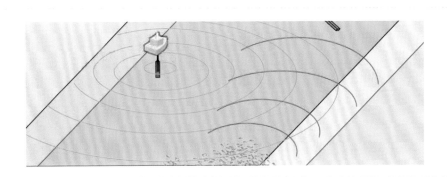

什么是渔业声学

　　海洋中蕴藏着丰富的生物资源、水资源、能源和矿产，是人类的自然资源宝库；海洋资源的探测和开发一直是人类孜孜以求的目标之一，也是解决未来人类生存与发展问题的重要途径。渔业资源是人们最为熟悉的一种海洋生物资源形式。

　　由于阳光射入海水后衰减较快，所以海洋中光线可达到的深度（真光层）一般不超过200米，真光层以下的部分则是一片黑暗的世界。在海洋里，如第二章所述，声音是唯一有效、可以长距离传播的能量形式，也是我们人类获取水中各类信息、探知海洋奥秘和寻找水下宝藏包括渔业资源的十分重要的手段。这一章我们讨论水声技术的一种具体应用及其与声学理论、海洋渔业科学的互动发展。

　　声在水中的传播、混响、散射等都遵循一定的科学规律，而研究这一规律的科学就是水声学。渔业声学是水声学在渔业资源研究领域的一个应用分支。目前国际上应用比较广泛的渔业声学资源调查和探捕技术主要包括根据渔业生物学和声学技术原理开发的回声鱼探仪、声呐跟踪器、对自然声源的被动探测以及利用人工声源的诱鱼器和驱鱼器等。

　　回声鱼探仪：利用一组换能器发射声波信号，通过另一组换能器接收从目标反射的回声信号，再由处理后的信号判断目标的参数和性质。由它获得的鱼群回波，可大致判断出鱼群的位置、范围和密集程度。通常使用的垂直鱼探仪可以探测底层的鱼类，水平鱼探仪则以探测上层和中层的鱼类为主。

　　声呐跟踪器：根据不同目的，分别采用连续、脉冲或其他调制方式的信号源，将一种小型的声信标缚于鱼体或纳入其胃中，用被动声呐跟踪。这一技术很适合做海洋生物习性的现场研究以及跟踪研究鱼类的洄游过程等。

被动探测：探测渔业生物从水中传来的声信息，由此判断发声物的位置和特性。包括鱼类在内的许多海洋动物都能发声，故可利用被动探测系统监视鱼群的活动和生态特性，并根据鱼类声音的特性来判断鱼群的种类、数量和栖息环境，为海洋生物资源养护和捕捞业提供有价值的数据。

人为声源集鱼和驱鱼：鱼类对声音很敏感，并有好恶之分。故可以利用仪器发出它们喜欢的声音诱集鱼群，或发出它们不喜欢的声音加以驱逐。根据这一原理制成的声源诱鱼器和驱鱼器，已开始应用于海洋捕捞中。

水声技术已广泛应用于海洋研究和海洋资源开发等各个方面，但因海水介质是一种复杂多变和多途径的声信道，水声干扰又很强烈，上述水声信息的检测、辨别和分析仍存在一系列困难，使水声仪器的可靠性、分辨率等性能受到一定的影响。需要加强水声传输规律等基础理论的研究，探索新技术在水声技术中的应用。

海洋渔业资源的声学调查、评估与探捕工作是一项系统工程，包括调查航线的设计、生物学取样站位的布设、声学数据的收集、生物学数据取样、声学和生物学数据的预处理、鱼体目标强度的确定、映像分析和积分值分配、生物量密度和总生物量的计算等诸多环节。经过数十年的发展，渔业声学技术已经日趋成熟和完善。渔业资源的声学评估技术目前已广泛应用于世界上很多海区，逐渐成为渔业资源管理的重要工具之一；评估对象也包括了鱼类、虾类和浮游动物等许多海洋生物种类。渔业声学业已发展成为海洋科学领域一个重要的应用学科。

渔业声学起源于20世纪20年代，40年代后快速发展和成熟，自70年代开始推广应用，至今已形成一套比较完善的方法体系。渔业声学评估依托于渔业科学和水声学理论与技术，以科学鱼探仪（回声仪）为主要工具，采用走航式连续回声积分技术，沿着调查航线对表层盲区和底层死区之外全水层的鱼类分布及生物量进行三维定量调查研究。它以方便快捷、取样率大、不破坏生物资源、提供的时空数据丰富等优势，成为渔业资源调查评估与水生生态系统监测研究的主流技术之一，为渔业发达国家所广泛采用，用于数十种鱼、虾类的资源调查和评估。渔业声学技术于1984年引进我国并成功地应用于黄海、东海鳀和北太平洋狭鳕以及我国专属经济区以及大陆架、白令海等海域生物资源的调查评估，至今已成为我国渔业资源调查和监测的重要方法之一。目前我国多种类资源声学评估中所使用的回声探测−积分系统包括Simrad EK400-QD和Simrad EK500等。

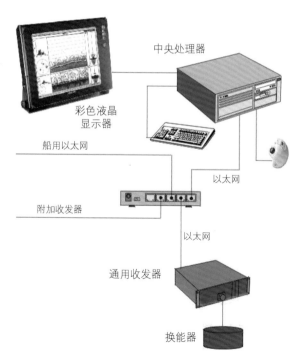

图6-1　用于渔业资源调查评估的科学鱼探仪

科学鱼探仪换能器接收到的回波信号中除来自目标生物的回波信号外，还可能同时包含背景噪声和非目标生物的回波信号。为提高资源评估的准确性，在声学数据的处理分析中需要尽可能消除噪声和非目标回波信号，而选择合适的积分阈值是达到此目的的有效方法之一。积分阈值是声学数据后处理中对回波信号进行积分的临界值，它限定了参与积分的最弱回波信号的体积反向散射强度，理论上能通过设置一个合适的积分阈值，在保留目标回波信号的同时，消除背景噪声和非目标信号，从而提高渔业资源声学评估的准确性。

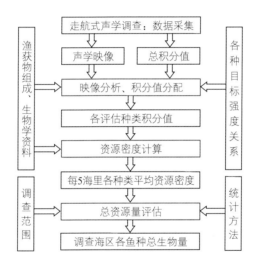

图6-2　多种类渔业资源声学调查和评估工作流程图

其中映像分析和积分值分配、各评估种类的资源密度计算和调查范围内总资源量评估是三个主要步骤。5海里为基本积分航程单元

声学数据的分析和处理是渔业资源声学评估的核心环节之一，其中映像分析和积分值分配最为关键。早期的声学数据后处理都是依靠人工计算完成，费时费力。近年来，以声学数据后处理系统软件分析和处理渔业声学数据已成为渔业资源声学评估的发展趋势。随着渔业声学数据后处理系统的开发成功和日益完善，渔业声学数据的分析和

处理主要借助数据后处理软件在计算机上完成。例如，BI500后处理系统和Echoview后处理系统等。

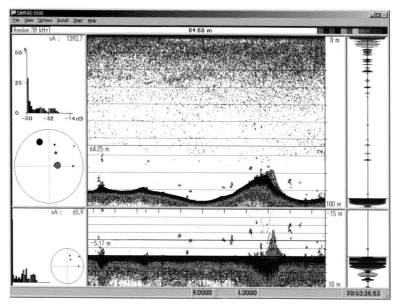

图6-3　基于Windows2000操作平台的Simrad EK60回声映像图

渔业声学发展简史

　　鱼探仪能够探测到水体中的目标是因为目标物体与水介质的物理特性不同。换能器发射的声波在水中传播，当遇到目标时，由于鱼体各组织器官的声阻抗率与水的声阻抗率不同，入射鱼体的声波被鱼体散射和吸收，其中一部分反向散射信号被换能器接收，成为所谓的回波信号，使声学探鱼成为可能。鱼探仪发射的声波是一种球面波，波束窄。由于离声源任意距离上的声强与距离的平方成反比，在声波的探测范围随着距离的增加而增大的同时，其声强也随之变小，这是声波的扩展损失；海水介质会吸收一定的声能，导致声强进一步衰减，这就是声波的吸收损失；声波的扩展损失和吸收损失构成声波的传播损失；传播损失的存在导致换能器接收到的回波信号的强度随目标离换能器的距离的不同而发生变化。因此，科研上使用的鱼探仪均具有精确的传播损失补偿功能，即距离补偿（range compensation）功能，以前也称为时变增益（time varied gain，TVG）功能。经过补偿、处理后的回波信号能客观反映鱼类对声波的反向散射能力，换能器接收到的鱼体回波信号的强度不再因鱼体离换能器的距离变化而变化，利用水声学方法对鱼类资源进行定量研究便成为可能。

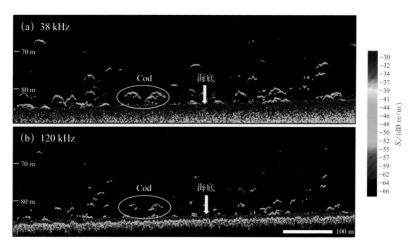

图6-4　大西洋鳕反向散射强度S_v（dB re/m）的声学映像

调查时间：2011年5月28—29日；地点：美国缅因湾（Gulf of Main）。鱼群分布在海底以上0～30米处，代表鳕在缅因湾产卵场保护区集群的典型特征。所用仪器为38千赫和120千赫Simrad EK60型分裂波束回声探测仪，底拖网校验。纵坐标表示水深，横坐标为船距

（a）38千赫；（b）120千赫

渔业声学发展历程回顾

渔业声学的研究始于20世纪初。1927年，法国航海家Rallier du Baty在纽芬兰附近航行时发现回声探测仪记录了一种异常声音信号，在一段时间内这种信号时隐时现；他判断这是洄游的鳕鱼群反射的回声信号。1928年，他又用同样的方法探测到了鲱，由此引发了人们对回声探测仪探测鱼群的兴趣。

1929年日本学者Kimura报道了第一例成功的声学探鱼实验。他向养着金鱼的水槽中发射声波，石英换能器发射到水中的高频波由鱼体反射回来，再被石英换能器所接收。实验采用200千赫的连续声波和1千赫的声频调制，以便让调制的声音能听得见。随着声波被更多的金鱼拦截和反射，由示波器所记录的信号的振幅也在不断变化。这个实验证明了用

回声探测仪探测鱼群是可行的。虽然这次实验接收的声音信号是"透过"鱼群的界面前向反射声波，但是人们很快发现利用换能器同时发射和接收声波的单基地声学系统更适用于鱼群的野外观测。

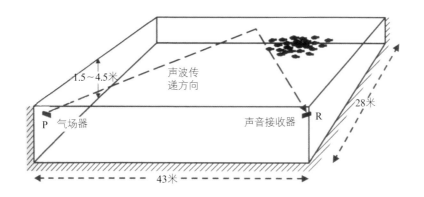

图6-5 Kimura于1929米进行初次声学探鱼实验的设备（水槽深度1.5~4.5米）

从P发出的声音经过水槽对面墙壁反射后被R接收。当鱼群经过声波束的时候会引起接收信号振幅的明显波动

20世纪30年代渔业声学领域的重要工作是发明了可记录式回声探测仪，这个仪器一经问世便迅速商业化并沿用至今。1933年，英国的Ronnie Balls船长在他的鲱鱼漂网渔船上使用了回声鱼探仪；几乎与此同时，挪威的Bokn船长也在他的拖网船上搭载了鱼探仪，并发表了第一份捕捉到鱼群的回声映像图。

1935年，挪威学者Sund利用16千赫磁力伸缩换能器回声鱼探仪观测并记录了大西洋鳕的垂直分布。他的回声映像图令人信服地显示了鳕的分布区，开创了利用水声技术进行渔业研究的先河。这一年，Marconi公司生产的一种闪光回声仪初次投入使用，被用来探测大西洋鲱资源。到了1937年，挪威人就已经开始用声学方法调查鲱资源的地理分布了。

40年代，美国加利福尼亚大学的科学家观察到海洋中间水层内有

时间：分钟

0米

水深

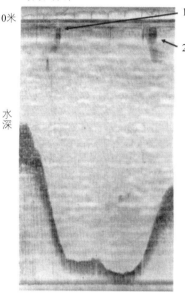

图6-6　回声鱼探仪早期应用实例

由挪威人Bokn记录的鱼群信号。0米水平线代表海面。先在1处发现鱼群，然后调转船头航行，在2处再次探测到同一个鱼群。在此处下围网后捕到15吨鲱

一个能反射声音的物质层，后来这个反射层被称作"深海反射层"（deep scattering layer，DSL）和"假海底"（false bottom layer, FBL）。之后在50年代，有人证明这个反射层是由有着充气鱼鳔的中层鱼类构成的。这就是目前世界上储量最大的渔业资源——海洋中层鱼类最初被发现的过程。

第二次世界大战期间，水声学技术由于军事应用而发展迅猛，从而给渔业声学的进步提供了巨大的推动力。战后，先进的声呐技术很快转作民用，新式的鱼探仪被迅速研制出来并在渔业中应用，声呐的类型更加多样化，其功率和分辨率也不断提高。回声鱼探仪、扫描声呐以及装配在网具上的换能器同时出现。彩色回声映像图使信号强度更加清晰可辨，而多频声波的同时运用则丰富了探测目标的信息。渔业学家认识到水声技术在渔业资源调查和生态学研究上的巨大应用潜力，并证实了渔业声学技术能够实现对鱼类的定位、定性以及相对定量的观察。在40年代后期，渔业声学开始成为水声学的一个重要分支学科和渔业研究的重要技术手段，在研究鱼类的行为和资源量、渔场探测、鱼类洄游和分布区调查等方面逐步得到发展和应用。同时，渔业声学技术也被广泛应用于鱼类探捕；作业经验丰富的渔民常结合对渔场的了解与回波映像图上标记的回波信号的强度、位置和大小

来判断鱼虾的种类，适时下网而获得可观的产量。上述重要工作直接推动了1954年的国际海洋考察理事会（ICES）渔业声学大会的召开。在随后的50年间，ICES直接推动了渔业声学方面的研究工作。

利用声学技术进行鱼类资源量的评估开始于50年代。起初出于鱼群定量的需要，曾初步尝试过根据鱼类回声痕迹进行计数的方法。初步想法是将每尾鱼的回声相加来估算鱼群总数，或者计算回声振幅的总和来估算群体数，后者应该说是回声积分的雏形。不过，Scherbino和Truskanov却证明正确的方法是将回声强度积分，而不是振幅，这一理论最终成为鱼类种群评估的基本原理。虽然利用回声信号判断鱼类数量和个体大小的尝试屡遭失败，但建立在模拟电子技术基础上的第一代回声积分仪Simrad QM还是在1965年诞生了。该仪器能沿着调查航线对全水层回波信号进行积分或累加，标志着用声学方法进行渔业资源定量评估的开端。不过，受当时渔业声学理论发展水平以及电子技术条件的限制，尤其是因为声学仪器校正方法与鱼类目标强度研究等方面的滞后，渔业资源声学调查的结果还存在较大的误差。

尽管如此，这一时期电子技术的飞速发展为渔业声学资源评估方法的逐步改进创造了条件；仪器性能更加可靠和稳定，使快速、准确地分析鱼类回声信号成为可能。水声技术人员与鱼类学家进一步合作，研究热点开始转向鱼类行为，包括它们的移动方向、密度和分布以及所有可能影响声学调查结果的因素。人们对调查计划和数据的统计处理也做了更多研究，从而使资源量测度的结果更加准确。

70—80年代是渔业声学理论及其相关技术迅猛发展的时期，在世界范围内开展了大量的渔业声学调查。双波束鱼探仪和分裂波束鱼探仪的相继研制成功，使得鱼体目标强度的测定与研究工作得到长足发展。80年代初，新一代高精度科学鱼探仪Simrad EK400和数字式回声积分仪Simrad QD的成功研制使渔业声学仪器走向标准化；同时，回声仪校正技术的改进则彻底解决了仪器测量精确性低的问题。在渔业

声学理论的验证方面，Foote通过实验证实了回声积分值与鱼类资源量之间的线性关系，为渔业声学在渔业资源定量评估上的应用提供了重要的实验依据。随着科学仪器的研制、声波散射理论的发展以及数据分析计算在回声信号处理上的运用，目标强度和鱼类个体大小随机性的问题得到逐步解决，渔业资源评估的准确性进一步提高。同时，鱼类行为学研究的成果也增进了我们对目标强度的理解，而水声学的发展也使声信号成为更加科学和值得信赖的测量手段。到了90年代中期，随着仪器实验方法的日趋成熟，渔业资源声学评估技术已经广泛应用在多种海淡水生物资源的调查中，并且成为渔业资源评估中不可或缺的技术手段。可以说，渔业声学技术大大促进了我们对鱼类和渔业生物的了解，促进了水生生物学和生态学的发展，也极大地推动了声学散射理论研究。

声学理论的日臻完善、计算机技术、图像和信号处理技术的发展推动了高性能鱼探仪及相关数据后处理系统的研究和开发。1989年，挪威成功研制出集鱼探仪、积分仪和目标强度测定于一体的Simrad EK500和Simrad EY60系列高性能分裂波束鱼探仪。这些新型鱼探仪的发射频率范围比较宽（12～710千赫），瞬时测定的动态范围达到160分贝，可对小至浮游生物、大到顶级捕食动物的所有海洋生物的回声信号进行准确测定，后期信号处理也全部数字化。

20世纪80—90年代，一种原本用于测定水体剖面流速的仪器——声学多普勒流速剖面仪（ADCP）开始被用于观测海洋生物，并逐渐应用于渔业生物的走航式连续观测。先是利用ADCP观测浮游动物和小型游泳动物的垂直移动，尔后又用ADCP估算其生物量、研究其分布规律等。随后ADCP又被来用来评估全球各个海域的海洋渔业生物资源量。与传统的观测方法相比，ADCP具有方便、快速、准确、不侵扰环境等突出优点，并能够适应大尺度、长时间、复杂流态等情况下流场和生物观测的需要，因而近年来在世界范围内的海洋学调查研究中被广泛采用。

2000年以后，一项集渔业声学和海洋遥感技术于一体的海洋声学波导遥感技术（OAWRS）迅速崛起。它利用水平阵列形成水平方位上的360°瞬时声束，从而实现对海洋生物的数万平方千米面积的大范围即时观测。这项技术通过配准大量的声学波导遥感、传统鱼探仪和拖网采样数据，以拉格朗日海洋声学方法来探测、描绘和估算鱼类群体，实现了鱼群的大范围、同步和连续观测，是渔业声学技术的拓展和革命性进步。

用声学方法对渔业资源进行科学定量评估是渔业资源研究领域的一次重大技术进步，标志着渔业资源定量化调查研究水平的大幅度提高。而渔业声学技术的不断改进和完善，则为渔业资源研究、资源评估与资源管理提供了重要支持。

技术挑战及应对方法分析

精确测量方法的挑战

在渔业资源评估技术快速发展的同时，人们对资源评估结果的准确性也提出了更高要求，包括对回声信号的阐释以及对鱼类和其他生物声波反射特性的了解等。于是，目标强度的测量方法开始备受关注。早在20世纪50年代初，人们就认识到鳔的有无会严重影响鱼类的回声强度。随后又发现其他一些因素也会影响回声强度，包括仪器的性质、换能器波型和音频以及目标鱼类的性质，例如体型大小、形状、倾角等。这引发了人们对集群游动中的鱼类行为的研究。随着控制性实验技术的成熟，回声和鱼类品种、大小、倾角和密度之间的复杂关系也一步步被揭示。与此同时，人们对测量的精密度和可控性也提出了更高的要求，这催生了针对单个目标个体的密度分布的估算方法；这一方法在调查鱼类资源个体大小方面是重大进步。它可以

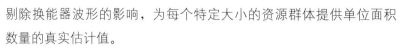

剔除换能器波形的影响，为每个特定大小的资源群体提供单位面积数量的真实估计值。

一般来说，声波频率越高则解析能力越强，所能探测到的声波反射物体越小。10～20千赫的声波可以探测到有鳔的鱼类和较大型的游泳动物；30～50千赫的声波的探测范围明显加大，可以观察到磷虾、糠虾和被囊类动物；声波频率增加到120～200千赫时则可以观察到仔鱼、桡足类和毛颚类动物等。

20世纪70年代对目标强度（TS）测量方法的研究已成为我们今天理解鱼类和鱼群回声形成过程的基础。期间，Love等学者曾经用方程描述过目标强度受鱼类生理特点和深度影响的程度；Olsen证实鱼类行为、特别是游泳时的倾角也是影响目标强度的重要因素。Hawkins和Holliday还研究了通过鱼鳔回声判断鱼个体大小的方法。所有这些技术和方法的改进，为我们今天调查和研究渔业资源分布、数量变动、洄游规律等提供了便利，也为渔业科学的发展提供了技术上的保障。

鱼类行为学的挑战

20世纪80—90年代，ICES针对鱼类行为引起声学资源评估结果偏差的问题开展了一系列研究和讨论。讨论认定：渔业声学调查的结果会受到鱼类行为的强烈干扰，这主要包括鱼类躲避调查船的行为；但也不能不承认，声学方法是现场研究鱼类行为的理想工具。

从90年代初开始，集群行为就被看作是影响上层鱼类资源评估的关键因素。针对鱼类集群动态也开展了一系列研究，其中一项成果是认识到单波束回声鱼探仪无法取得足够多的样本，用来测量和获得反映鱼群特征的参数，这导致了多波束声呐在渔业声学中的应用。通过水平或垂直发射声波信号，多波束声呐可以实现鱼群的动态或三维观察。

多波束声呐系统的发展也将是未来渔业声学发展的重点。将传统的回声积分调查方法与鱼群形状、结构和相对于调查船的分布范围相结合，才能识别鱼类品种、探查鱼类行为，并且能大幅度提高样本容量，以便更为精确地分析处理调查数据。与这一技术相联系的是计算机辅助数据处理和储存技术，可以应对声学仪器和环境传感器所采集的批量数据。这些技术都支持大规模现场调查，便于调查船和水下运载工具携带，也适用于浅海和深水等不同区域的研究。

多种群、多物种评估方法的挑战

以往声学方法的调查对象主要为单一种类中上层海洋生物资源。在多鱼种混栖的情况下，如何利用声学方法对各主要类群进行监测和评估，是渔业资源声学评估技术领域的一个重要挑战。

在1997年开始实施的我国海洋生物资源补充调查及资源评价工作中，利用渔业声学结合底拖网调查方法对我国渤海、黄海、东海和南海大部分海域多种中上层鱼类、主要底层鱼类和头足类等资源进行了调查和评估，并初步形成了一套适用于我国陆架海域的多种类海洋生物资源声学评估的工作程序和方法。渔业资源声学评估方法由对单鱼种资源进行评估发展到对多鱼种资源进行评估，研究对象也由鱼类扩展到浮游动物和大型水生植物，并建立了采用声学数据和拖网生物学数据评估鳀鱼群体结构的方法。这些海上调查使用的主要是集成式回声探测-积分系统Simrad EK或Simrad EY系统。2001年，我国的"雪龙"号极地考察船安装了国际先进的Simrad EK500-BI500科研用回声探测-积分系统，标志着我国应用数据后处理系统的开端。其后中国水产科学研究院黄海水产研究所于2004年引进Simrad BI500系统，应用于我国四大海域的生态学调查，采集了大量声学数据，开启了声学数据计算机处理的新阶段。

浮游生物是海洋生态系统的重要成员。由于不具备很高的经济价值，所以在生物海洋学发展的早期研究不多。随着近年来海洋生态系

统动力学研究的深入，浮游生物逐渐成为生物海洋学的重要研究内容。浮游生物个体很小、回声信号很弱；但因为浮游生物往往呈密集集群分布，所以对声波的反射强度非常高，会在回声映像图上形成云一般密集的反射层。正因如此，它们有可能成为声呐探测鱼群的限制因子之一。

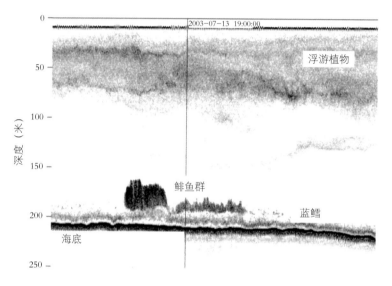

图6-7　回声映像图

显示了Simrad EK500（38千赫）探测到的浮游生物和鱼群，调查区域为设得兰群岛北部

　　鱿鱼等较大型的动物限于游泳能力不强、主要随水流漂移，所以在渔业声学研究中也被列入浮游生物类群中。因为各种浮游生物和鱼类的生物学性质不同，其回声信号的解读方法有很大差别；传统的回声计数和目标强度回归法基本上不再适用。另外，单个浮游生物个体非常小，识别它们的办法之一是增加鱼探仪的空间分辨率。有人曾经使用过高频（最高达到10兆赫）声波进行探测，但因海水对声波吸收过强而极大地限制了探测深度。事实证明，在多物种调查中使用单一频率的回声鱼探仪是远远不够的，宽频或多频声呐探测更有利于揭示

目标浮游生物的种类、大小和种群结构。

目前的渔业资源评估一般采用拖网/声学技术相结合的方法，可以系统全面地了解渔业资源种类组成、群落结构、数量分布，尤其是在渔业种类生长、繁殖、洄游分布等生物学和生态学研究中，拖网/声学技术比传统的、仅靠拖网采样的资源调查评估方法具有明显的优势；其调查范围更广，并且可以连续观测。如果把拖网调查比喻为"定点"观测，那么走航式声学调查则是持续不断的线性观测。通过拖网/声学技术的运用，近年来已经发现了中层鱼类（mesopelagic fish）和浮游动物的昼夜垂直移动规律，极大地提高了我们对于海洋生物学和生态学的认知。中层鱼类生活在从100米以浅的真光层到1 000米的深水区之间的水域，全球中层鱼类总生物量估计为10亿吨，它们构成了深海声学散射层的主要成分，也构成了未来海洋捕捞业发展的重要方向。由于中层鱼类以及其他生活在深远海的种类具有较大的移动性，要全面了解它们的生态习性，必须把渔业声学技术和生物学方法相结

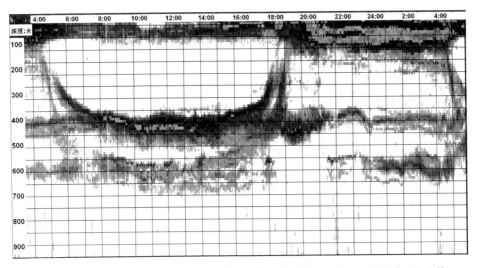

图6-8 台湾北部黑潮流经水域声波反射层回声散射强度的昼夜变化，表征中层鱼类的
活动规律和活动范围

合进行研究。从某种意义上来说，声学/生物学调查技术的综合运用已经极大地拓展了我们对海洋科学的了解；而随着海洋学的发展，这些技术也在不断进步。

目前，对声学映像的鉴定还是以拖网获得的生物学材料为主要依据确定产生回声映像的生物种类。为保证映像鉴定和积分值分配所需的足够生物样本，要根据声学映像的变化调整机动拖网的作业时间和范围。由于取样渔具的选择性、拖网水层局限性和评估鱼类体长范围的变化，某些情况下拖网获得的材料可能无法客观反映水下生物组成。因此，还需要根据前期调查经验结合声学映像对部分鱼种的积分值作必要调整。总之，加强对目标强度与优势资源种类特征之间关系的研究，包括其声学/生物学特征，如生物本身是否发声，是否具有鳔以及鳔结构、形状和大小，物种的生态学特征如栖息水层、集群性、活动的节律性等方面的研究，都将有助于提高渔业声学调查和评估结果的准确性。此外，随着人类海洋开发活动的增加，各种声音污染也在增加，如何排除这些噪声的干扰将是渔业声学研究的重要课题。

电子仪器性能的提高及计算机技术的发展推动了更高性能鱼探仪及相关声学数据后处理系统的研究和开发。在渔业资源声学评估中，声学数据后处理系统得到越来越广泛的应用，使数据分析和处理由"人工"劳动逐渐转变为由计算机"自动"完成，不但提高了渔业声学数据分析和处理的准确度和效率，也为科学地开展声学数据处理诸如积分阈选择和优化、噪声消除等研究提供了条件。然而声学仪器改进和数据处理效率的提高并不能代替对生物体性状和行为的科学认知；渔业声学的发展必须依赖于所有相关学科的协同发展，并且将受到发展滞后的学科的制约。

革命性案例

　　渔业声学实质上是一个应用性很强的交叉学科，也是科学与技术融合发展的典型。早期的渔业资源评估一般采用拖网调查。渔业声学方法的应用显著增加了样本容量和采样范围，是方法学上的重要创新。渔业资源的声学调查以回声积分值来度量资源量，而目标强度是将回声积分值转换成资源量的关键参数。积分值分配的准确性对鱼类资源评估结果的准确性有非常重要的影响。声学映像的生物学鉴别是积分值分配的基础和主要参考依据，尤其在多种鱼类或多种生物在同一海区混栖的情况下，提高不同鱼类声学映像的鉴别能力尤为重要；对于多鱼种资源评估而言，参与积分值分配的任一种类目标强度参数不准确将对所有种类的资源评估结果产生影响。可以说，声学方法定量评估结果的准确性在很大程度上取决于所用目标强度的准确性，即取决于我们对鱼类以及其他物种生物学和生态学的了解。

ADCP在生物海洋学中的应用

声学多普勒流速剖面仪（ADCP）的原理

　　声学多普勒流速剖面仪（ADCP）是一种利用声学多普勒效应原理测验水流剖面速度并能实时计算流量的仪器，出现于20世纪60年代

初，到80年代初发展成熟并得到广泛应用。ADCP突破了传统机械传动为基础的传感流速仪，将声波换能器作为传感器，换能器发射声脉冲波，声脉冲波通过水体中不均匀分布的泥沙颗粒、浮游生物等反散射体反散射，由换能器接收信号，经测定多普勒频移而测算出流速。ADCP能直接测出断面的流速剖面，具有不扰动流场、测验历时短、测速范围大等特点。目前被广泛用于海洋、河口的流场结构调查、流速和流量测验等。ADCP一般配备有4个换能器，换能器与ADCP轴线成一定夹角。每个换能器既是发射器又是接收器。换能器发射某一固定频率的声波，然后聆听被水体中颗粒物散射回来的声波。假定颗粒物的运动速度与水体流速相同，当颗粒物的运动方向是接近换能器时，换能器聆听到的回波频率比发射波频率高；当颗粒物的运动方向是背离换能器时，换能器聆听到的回波频率比发射波频率低。这种颗粒物的运动引起频率的改变称为声学多普勒频移。ADCP即通过测量反射回波的多普勒效应量（频移量）值计算颗粒物随流的速度，并应用矢量合成法，一次可以测量同一个垂直剖面上若干层水流的三维速度分量和绝对方向。ADCP与传统测流方法相比，具有测验分辨率高、精确度好、信息量大、资料完整等优点，尤其适用于复杂环境下的流体流速、流量的测量。同时，ADCP测流具有方便、快速、准确等突出优点，并能够适应大尺度、长时间、复杂流态等情况下水域流态测量的需要，因而近年来在世界范围内海洋学调查研究项目中被广泛采用，并被联合国教科文组织政府间海洋学委员会定为4种先进的观测仪器之一。从80年代末开始，ADCP实现了商业化，发射频率从38千赫到数兆赫的仪器都可以买到。

　　ADCP的测量过程基于2个基本假定：一是颗粒物随水流运动且速度相同；二是各个换能器所发射的声波波束所测值为同一流速矢量。ADCP工作时，每个换能器集中于较窄的幅度内向水体中发射某一固定频率（一般在75～2 400千赫）的声波脉冲，然后捕捉被水中颗粒物

［包括悬浮固体颗粒（POC）以及磷虾和桡足类等水生生物］反射回来的声波。ADCP必须通过接收水中散射体的后向散射信号（BS）来测量流速，而浮游生物和一些微小的游泳动物是水中一类主要的散射体，BS的强度与这些散射体的浓度密切相关。于是，人们很快发现用ADCP的BS可以研究微小水生生物的丰度，而通过BS的变化则可研究和判断它们的空间分布和迁移规律。

图6-9　商用声学多普勒剖面仪（ADCP）示例

为了测量从表层到底层各个水层的三维流速，ADCP在测量过程中要求其各个换能器发射的声波能够同时穿透各水层。如果换能器发射的声波遇到了运动的鱼群，就能根据多普勒原理计算出鱼群的三维速度分量（东、北、垂向）。研究表明，多普勒频移效应与鱼群的运动速度、长度、尾部摆动的幅度和频率都有关系，还能从游动速度上估计每尾鱼的个体大小、短期或长期的能量消耗、甚至在分类学上属于哪个种。

声学多普勒流速剖面仪（ADCP）的应用

由于ADCP基于声学多普勒后散射原理，一台ADCP相当于多台单点流速仪，可以测量水体表层到一定水深之间各个水层的流速，因此非常适合用于各种水体流速的测定，尤其是对大范围复杂流场的研究。利用ADCP观测海洋生物开始于20世纪80年代。先是利用ADCP观测浮游动物和小型游泳动物的垂直移动，尔后又用ADCP估算其生物量、研究其分布规律等。随后ADCP又被用来评估全球各个海域的磷虾等海洋渔业生物的资源量。ADCP迅速得到推广应用的原因是：一方面它属于多波束声呐系统，可同时发射4束高频声波，通过接收回声信号可获得动物群体及其中每个个体的三维映像，并直接测得动物的目标强度；另一方面，使用ADCP还可以通过体积反射强度直接计算得出生物资源量。由于传统的科学鱼探仪（如挪威开发的Simrad EK400、Simrad EK500系统）采用的都是单波束或分裂波束式换能器，每次发射-接收声波的过程所获信息有限，而且需要附带回声积分系统进行回波信号的后处理，整个观测过程更加繁琐。正是因为ADCP可以在测量水体剖面流速的同时连续高效地观测水中生物的活动，因而越来越多地应用在海洋生物资源的调查研究中，并且逐渐成为科学考察船上配备的主流仪器。

ADCP现已广泛用于同步观测各种水生生物的运动、估算其生物量以及研究水体的水文学特征。例如，在测流过程中能够测出鱼群的运动速度和方向，测流数据中的反向回波信号值也被广泛应用于推算微小水生生物、温跃层和悬浮物等的分布情况等。因为用声波探测几乎马上就能"看到"水下的鱼群，所以具有非常好的时效性；而用拖网采样不仅取样范围大大受限，而且起网还需要较长的时间，因此用ADCP观测海洋生物具有很大的优势。

采用声学多普勒原理研究生物海洋学的尝试已经有30多年的历史，并已取得了一定的成功。主要包括对南极磷虾的研究、近海鱼类行为学研究以及中层鱼类资源量的评估等。

1）利用ADCP估算南极磷虾资源量

用声学方法调查南极磷虾的分布和资源量是从20世纪70年代初开始的。早期一直是使用单波束和单频系统进行调查，到了90年代，双波束、分裂波束和多频技术等才逐步应用于磷虾资源的评估工作中。周朦等在1992年（南极）冬季首次利用153千赫的ADCP调查了南极半岛西部（West Antarctic Peninsula）格拉什海峡（Gerlache Strait）各种南极磷虾群体的分布和资源量。研究发现，磷虾在冬季的分布区域与夏季相似，它们一般不会聚集在浮冰下面的海水里。从磷虾种类组成上看，大磷虾（*Euphausia superba*）是优势种，数量最多；在30～70米水层以体长22毫米的大磷虾最多，而在90～130米水层以体长40毫米的大磷虾数量最多。长臂樱磷虾（*Thysanoëssa macrura*）分布在较深水层，一般在150～250米。冰磷虾（*Euphausia crystallorophias*）则分布在100米左右的深度，并且主要分布在沿岸的海湾里。在整个格拉什海峡，磷虾的分布非常不均匀；有些区域密度很低，有些区域则形成高密度的虾群。从数量上来看，格拉什海峡200米以上水层磷虾的累积生物量高达29～92 000克/米^2；磷虾在各个调查站位的湿重密度为0.009～92克/米^3，而单位水体的个体数量则有可能达到2 000尾/米^{3}以上。为了提高调查的准确性，在ADCP声学调查的同时一般采用科学拖网调查。对比两者的生物量数据可以发现，在磷虾密度较高时，受磷虾躲避网具行为的影响，拖网采样的生物量估计值可能会比真实值低2个数量级。

2）利用ADCP观测鱼类行为

Demer等利用ADCP测量南非福尔斯湾沙丁鱼群的水平和垂直运动速度，发现用矢量法可以很好地估算鱼群游动的平均速度和移动方向，并观察到大型鱼群的移动有特定的模式，鱼群对调查船也有躲避反应等。这说明ADCP是研究鱼类和浮游动物行为的有力工具。

Luo等根据单位体积散射层的垂向流速分量，计算出阿拉伯海中层鱼类垂向迁移速度平均值为3～4厘米/秒，最大值为10～13厘米/秒。如果调整仪器参数如水跟踪模式或深度单元长度，纠正ADCP安装平台的摇摆转动或者是直接处理每个声束半径组分等，测量精度将会有进一步的提高。ADCP除可用于研究鱼群的运动行为外，对于一些个体较大的单个鱼体也具有一定的适用性。张辉等采用600千赫

ADCP研究中华鲟自然繁殖期间葛洲坝下游流速，发现中华鲟的运动有可能造成流速异常变化。

中层鱼类的资源评估

　　20世纪60年代，人类就在世界范围内陆续发现一些非传统捕捞海域，包括陆坡地带和陆架深水区、海盆、大洋环流区、洋中脊上部水层等，生活着一类数量庞大、个体较小的游泳生物。这些鱼类生活的水深范围非常广，从海面一直到2 000米的深海都可以见到它们。它们往往按照不同的种类分别形成大的群体，集结在一个特定的深度；鱼群密度非常高，平铺开去，面积很大。由于这些鱼类大部分具有充气的鱼鳔，所以对大约30千赫以下的声波形成极强的反射，从声呐扫描图上看仿佛是"假的海底"；这就是早期曾经困扰声学海洋学家的"深海反射层问题"。

　　对全球中层鱼类资源的大规模调查始于20世纪70年代。当时，为了应对全球渔业资源下降和开发新的渔业品种，由FAO组织挪威等国开始对全球深海水域的鱼类资源进行调查。经过多年的科学调查，人们逐渐认识到这些生物绝大多数具有明显的昼夜垂直移动特性；它们白天下潜到300～500米以下的深水区，夜晚则上浮到比较浅的饵料丰富的水体上层或表层进行捕食。正是由于它们生活在海洋的中层，所以被称为中层鱼类（mesopelagic fish）。又因为这些鱼类普遍具有发光器官，能发光（生物发光），所以泛称为灯笼鱼（Lanternfish，Myctophids）。现已知全世界的灯笼鱼有33属246种。这些海洋生物往往形成很大的群体，生活和分布在全球各大洋和从热带到极地的不同海域中。因为中层鱼类的数量和生物量超过所有现存渔业品种，因而有可能成为未来人类重要的渔业捕捞对象，也是我们重要的生物资源储备。如果细分的话，中层鱼类包括灯笼鱼科、钻光鱼科、星光鱼科、深海鲑科、黑巨口鱼科等许多种类，它们又各自包括许多属种。这些中层鱼类一般体长7～8厘米，体重只有2～6克；它们寿命比较短，在热带海区大多寿命只有1年，在冷水区域寿命相对较长，但一般也不过6～7年。中层鱼类在全世界都有分布，在热带、亚热带海域产量最高。在各种中层鱼类中，灯笼鱼和钻光鱼在资源量方面占据优势地位，它们的生物量占中层鱼类总资源量的80%左右。尤其是灯笼鱼集群性较好，具有潜在的商业开发前景。国际科学理事会海洋科学研究委员会（SCOR）在一份建议开辟灯笼鱼渔业的报告中提到：灯笼鱼的总资源量约占全球中层鱼类生物量的65%。

图6-10　斑点灯笼鱼（*Myctophum punctatum*）

从70年代至今，挪威、美国、俄罗斯（苏联）以及韩国、印度、日本等国家先后对印度洋、大西洋、南大洋、非洲西部、南北极等海域的灯笼鱼资源进行了调查和探捕，调查结论与联合国粮农组织（FAO）的报告基本相同。其中，FAO在1973年组织的渔业资源调查范围较广，调查报告对大西洋、印度洋、太平洋、南极和亚北极海域中包括灯笼鱼在内的中层鱼类资源均有论述。其他一些调查活动则主要集中在印度洋的阿拉伯海和阿曼湾海域。

人们对中层鱼类的调查和探捕经历了一个比较长的过程，而声学技术的应用则极大地促进了对这一渔业资源的深刻和全面认识。70年代之前，主要是基于拖网取样的调查方法，发现这些鱼类大致的分布区域和种类。当时使用的是中层拖网（Isaacs-Kidd midwater trawl）

或带有声呐测深装置的水獭拖网（otter trawl）。前者由于没有测深装置，其取样水深需要根据绞索长度和绞索与水面的夹角计算。并且，两种网具都没有封口装置，导致收放网过程中意外捕获上层的鱼类。尽管那时的取样有种种不确定性，但人们仍然发现中层鱼类资源数量惊人。据估算，全世界各大洋里中层鱼类的资源总量为1 000万吨以上。后来，随着渔业声学技术在调查中的应用，使走航式实时、连续观察深海生物成为可能。人们于是认识到鱼类躲避网具的行为会导致传统资源量估测值严重偏低，因而对中层鱼类的资源量进行了重新评估，为原估计值的10～100倍。从早期的标准科考拖网调查，发展到拖网和声学探测相结合的定位和定量分析，使渔业资源评估的精准度越来越高。通过这些调查，人们对中层鱼类资源的认识不断深入，对其资源量的估计值也不断得到修正。目前，对世界中层鱼类资源总量比较公认的数值是10亿～100亿吨。按照这一数据，中层鱼类应该是世界上数量最多、资源量最大的脊椎动物，它们的数量远远超过目前世界海洋捕捞渔业产量的总和。

值得一提的是，虽然中层鱼类在世界各个海域都有分布，但分布密度和生物资源量却差异很大。如果要进行商业性捕捞，必须以资源调查和评估为前提。同时，由于肉质绵软、个体偏小，中层鱼类也不太适合直接供人类食用；但如果加工成鱼粉，则具有可观的商业前景，刚好可以帮助解决目前世界鱼粉供不应求的问题。

到目前为止，世界上还很少有专事捕捞中层鱼类的商业捕捞船队，捕捞海域也局限于赤道带和亚热带等极少数海域。苏联在70年代末就开始对西南印度洋和南大西洋海域的灯笼鱼资源进行调查和探捕，据说捕捞到2种可以食用的灯笼鱼，即蓝光眶灯鱼（*Diaphus coeruleus*）和尼氏裸灯鱼（*Gymnoscopelus nicholsi*）。1988—1990年，苏联的渔船在南大西洋使用围网捕捞灯笼鱼，每年的产量约为2万吨，1991年产量曾达到7.84万吨。之后，随着苏联的解体，该渔业自行消失。另外，在80年代中期曾经有一支围网船队在南非水域捕捞灯笼鱼，后来因为这些鱼含油量太高、不便加工而停止了捕捞作业。70年代末、80年代初挪威学者考察了北阿拉伯海中层鱼类的资源量及其商业捕捞的可行性。探捕结果显示，经过改进的南极磷虾网捕捞效果较好，平均每小时的产量在3吨左右，在夜间的捕捞作业中，曾有过半小时捕获50吨灯笼鱼的记录，从而证明这种渔业在商业上是可行的，特别是在阿曼湾可以开展七星底灯鱼（*Benthosema pterotum*，又称长鳍底灯鱼）的捕捞。经过了长期酝酿和准备之后，中东一些国家终于从1996年开始在阿曼湾对中层鱼类进行商业性捕捞，但由于种种原因，这些国家的灯笼鱼渔业大多数都未能持续经营下去。伊朗在2003年开始针对灯笼鱼的生产性捕捞，而且一直持续至今，但是生产情况并不乐观，产量总体低于预期，2009年的产量只有5 700吨。尽管灯笼鱼渔业进展缓慢，但是各国对灯笼鱼资源的调查和对灯笼鱼渔业的可行性研究以及捕捞活动一直在持续进行。目前制约中层鱼类渔业发展的主要原因是加工技术不成熟，迫切需要高附加值的深加工技术以提高生产企业的经济效益。

世界各大洋中层鱼类资源的评估

根据FAO调查资料，大西洋是各种中层鱼类资源分布较多的水域。其中，非洲西部和西南部外海的灯笼鱼等中层鱼类资源较为丰富。非洲西南部海域灯笼鱼资源虽然丰富，但在数量上存在一定的季节性变化，而且不同年份之间差异较大。在非洲其他海域中层鱼类资源量相对稳定，未发现因季节或年份发生变化的情况。挪威南部和英国西部海域中层鱼类的密度似乎也相当高，渔船作业时经常会兼捕到大量中层鱼类。此外，南美洲中部的大西洋海域也曾发现大量的中层鱼类资源。

许多调查都证实，印度洋的灯笼鱼资源非常丰富。世界各国曾在

Chapter 6

第六章　龙宫探宝——渔业声学

这一海域针对灯笼鱼资源开展了大量的调查、探捕和开发活动。迄今为止,阿拉伯海仍被认为是世界上灯笼鱼资源最丰富的地区。多年来,人们一直能够看到有关阿拉伯海东部和北部灯笼鱼资源的评估报告。多份调查报告的估算结果显示,该地区灯笼鱼的资源量在0.6亿~1.5亿吨之间,仅阿曼湾海域就达1 000万吨以上。也有一些小范围的调查认为该区域灯笼鱼资源状况存在较大幅度的波动。

在西太平洋的南海海域、苏禄海、班达海都蕴藏着丰富的包括灯笼鱼在内的中层鱼类资源。1967年底日本在东海陆架和陆坡区底拖网调查中就在1 000米深处采集到所谓"新物种"——灯笼鱼,并描述了它们具有体色和体型怪异、肉质绵软,具有发光器等"深海鱼类的特征"。1980—1981年,中国水产科学研究院东海水产研究所的"东方号"渔业资源调查船,在东海大陆架外缘和大陆架斜坡深水水域进行底层鱼类资源调查时也捕到过灯笼鱼。北太平洋海域也有大量的灯笼鱼等中层鱼类,其分布模式与该地区主要水团的分布以及浮游动物的丰富度密切相关。

综合20世纪90年代至今的相关调查结果,在亚北极海域,中层鱼类的资源量估计为3 000多万吨,它们大多数为大洋性种类,局部地区鱼群密度可能非常高。亚北极太平洋海域(包括白令海和鄂霍次克海)共有中层鱼类196种,它们多数属于灯笼鱼科。北方灯笼鱼(*Stenobrachius leucopsarus*)是其中数量最多的种类,资源量大约有2 100万吨。这种鱼最大体长为8厘米,寿命为7年。它们以磷虾和桡足类为食,同时又是多种鱼类、鸟类和哺乳类的饵料。针对亚北极海域中层鱼类集群的特点或优势种类的斑块状分布的状况,有必要开展进一步研究,从而评估在该海域开展中层鱼类捕捞的商业潜力。

在南大洋和南极海域的灯笼鱼资源也相当可观。在南大洋中生活着33种中层鱼类,其中有11种生活在南极周围海域。整个南大洋的中层鱼类资源量估计有1.3亿~1.9亿吨。在南极海域从事南极磷虾和其他鱼类捕捞的渔船则经常会捕获大量灯笼鱼。针对这一海域中层鱼类渔业的可行性和商业前景，同样需要进一步研究和评价。

阿拉伯海中层鱼类资源的评估

20世纪70年代中期至80年代初，挪威科学家连续8年利用声学方法调查了阿拉伯海的中层鱼类资源。研究发现，在阿拉伯海西北部，包括索马里、阿曼、伊朗、巴基斯坦以及阿曼湾和亚丁湾一带海域，中层鱼类有明显的昼夜垂直移动习性；它们白天集中生活在250～350米和150～200米两个水层，夜间绝大部分上升到100米层或近表层，但也有少量仍停留在200～350米。并非所有的中层鱼类都做昼夜垂直移动，在某些生长发育阶段它们不大移动；有的种群中有很大部分鱼并非每天都移动，有些鱼甚至根本不移动。根据其垂直移动的特性，可将全部中层鱼类的活动大致分为3种类型：①长距离垂直移动；②中距离垂直移动；③基本不动。灯笼鱼的活动方式大多属于第一类或第二类。回声探测器记录显示，许多种灯笼鱼集聚成若干高密度鱼群，形成强烈的声学反射层；尤其是在白天，当它们基本处于静止状态时更加容易形成高密度集群。此外，灯笼鱼的集群大小可能与涌升流和季风变化有关。

阿拉伯海的中层鱼类主要是一种叫作七星底灯鱼的灯笼鱼。这种鱼生长速度快，孵化后6个月即可长到4厘米，达到性成熟并开始繁殖产卵。在阿拉伯海的灯笼鱼远不止七星底灯鱼一种，它们的分布也呈现明显的规律性：灯笼鱼的密度以阿曼湾最高，且仅有七星底灯鱼一种；而在亚丁湾则发现其他一些种类，如带底灯鱼（*Benthosema fibulatum*）、眶灯鱼属（*Diaphus*）、栉棘灯笼鱼（*Myctophum spinosum*）、埃氏标灯鱼（*Symbolophorus evermanni*）等，其数量有时还超过七星底灯鱼。南阿曼和索马里东北沿海的优势种为带底灯鱼。在阿拉伯海的东部和东北部，两种眶灯鱼（*Diaphus arabicus*

和*D. thiollieri*）十分常见。巴基斯坦沿岸的灯笼鱼几乎全是七星底灯鱼，越往西其密度越低。通过多年的研究进行估算，在调查海域灯笼鱼的总资源量大约为1亿吨，其中仅在阿曼湾就有600万～2 000万吨。

阿拉伯海的灯笼鱼大多体形较小，长到最大时的标准体长最多不过50毫米。其寿命不超过1年，每年繁殖两代。灯笼鱼的生殖率低，雌鱼每次产卵200～3 000枚。繁殖力低意味着渔业种群的自我恢复能力比较差，在未来这种鱼类资源得到全面开发、有必要开展资源保护时必须要考虑这一问题。由于中层鱼类善于集群的习性，使这些鱼类的捕捞比其他鱼类更加容易。20世纪70年代中期，挪威科学家在阿拉伯海中层鱼类试捕中发现，使用网口横截面积250平方米的商业用磷虾拖网和网口横截面积400平方米的Harstad拖网，平均捕捞产量能达到0.05～2.5吨/小时。如果使用较大的中上层拖网（网口横截面积500～800平方米），则平均捕捞产量可达到3.8～5.0吨/小时，甚至偶尔可高达20～100吨/小时。

阿曼湾的总资源量估计在600万～2 000万吨之间，一般认为在1 000万吨以上。其估计值差异较大的原因可能与资源丰度的季节性变化有关。另外，捕获率的差异也可能有另外两个原因：一是科学考察的不同目的；二是使用的渔具、网具拖曳方式的不同。70年代中期考察的目的集中在科学研究层面，是为了评价声学散射层的种群组成；而70年代末至80年代初调查的目的则是商业探捕，使用商业捕捞渔具试验如何获得较高的捕获率。由于不同的研究采用不同的渔具，网目大小、拖曳速度等都不尽相同，因而造成了鱼群对网具逃逸量的差异。尽管资源量评估中还存在着种种的不确定性，但阿拉伯海，特别是阿曼湾仍然是公认的世界上中层鱼类资源最为丰富的海域。

马拉斯宾纳环球科学考察对中层鱼类的新发现

由西班牙国家研究委员会（Spanish National Research Council, CSIC）主导的马拉斯宾纳环球科学考察是近年来为数不多的多学科环球综合科学考察活动。这次科学考察活动的目的是评估全球变化对海洋的影响，并调查海洋生物多样性。科学考察船队由"Hespérides"（由西班牙海军操控）和"Sarmiento de Gamboa"两条船组成，航程历时9个月（2010年12月到2011年7月），有250位科学家参加了本次科学考察活动。这次活动取得了大量生物海洋学数据，其中也包括生物声学数据。另外，这次科学考察活动的命名是源自西班牙在1789—1794年间进行的Malaspina环球科学考察。本次科学考察过程中，重点考察了人类活动对地区生物圈整体功能的影响；探索深海生物多样性以及评价上一次Malaspina科学考察工作的学术和社会影响。项目数据最终汇总形成了Colección Malaspina 2010年环境和生物学数据库、样品库，供学术界研究和评价未来全球变化。

图6-11　小齿圆罩鱼（*Cyclothone microdon*）一般体长约7厘米，生活在1 000 米以下的海水中，广泛分布于全球各大洋及南极洲海域

图6-12　苍圆罩鱼（*Cyclothone pallida*）是分布于印度洋—太平洋及大西洋的热带至温带海域的一种中层鱼类

由于本次调查期间全程使用了声学设备（Simrad EK60鱼探仪，声频设定为38千赫）对海洋生物资源进行观察，观测航程达到51 500千米，因而获得了极为丰富的生物声学数据。这些数据揭示了一个重要的事实，那就是深海中层鱼类资源比我们预先估计的数量要高出大约一个数量级。也就是说，全球中层鱼类资源量并非我们普遍认可的10亿吨，而是有差不多100亿吨甚至更多。因此，可以再次肯定，中层鱼类是世界上数量最多的鱼类，也是数量最多的脊椎动物。

海洋生态学的新维度——OAWRS

海洋声学波导遥感简介

2003年，一项集渔业声学和海洋遥感技术于一体的海洋声学波导遥感（ocean acoustic waveguide remote sensing，OAWRS）技术出现并迅速崛起。它利用水平阵列形成水平方位上的360°瞬时声束，利用海洋环境作为波导帮助声波长距离传播，从而实现对海洋生物的数万平方千米面积的大范围即时观测。这项技术通过配准大量的声学波导遥感、传统鱼探仪和拖网采样数据，以拉格朗日海洋声学方法来探测、描绘和估算鱼类群体，实现了鱼群的大范围、同步和连续观测，是渔业声学技术的拓展和革命性进步。

传统的海洋生态学调查方法是以特定的定点或航线取样为基础，依靠声波定向发射和物体散射回波的接收以获得非连续的定点观测数据，或者连续的剖面观测数据。海洋声学遥感技术是将声学技术与遥感技术相结合，具备了遥感技术的大范围、实时、连续观测的优势，是探测海洋的一种十分有效的新技术手段。利用声学遥感技术，可以探测海底地形和水中的生物，进行海洋动力现象的观测和海底地层剖面探测以及为潜水器提供导航、避碰、海底轮廓跟踪的信息。自从海洋声学波导遥感技术出现以后，生物海洋学和海洋生态学研究的即时取样范围和信息获取能力大大增加，甚至达到传统观测方法的数万倍至数百万倍；实现了对数千平方千米或者全陆架范围海区的三维同步、实时和连续观测，观测目标包括不同大小的各种海洋生物和海底地形等。这项技术适用于各种不同的海洋环境，通过大面遥感观测鱼类、磷虾及其他海洋生物的活动，评估渔业种群数量，比原有的走航式剖面观测方法更为精确，也更便于我们在生态系统水平上了解和管理渔业资源。这一技术突破对海洋生态学，尤其是渔业海洋学的推动作用，正在逐步显现。

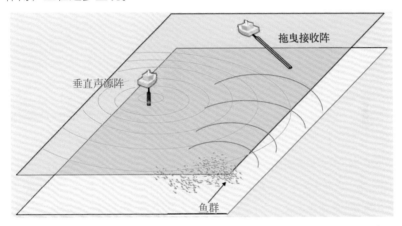

图6-13　2006年在缅因湾海洋生态学调查中使用的收发分置的双基地型海洋声学波导遥感（OAWRS）系统模式

OAWRS的技术原理

海洋波导声学技术用于海洋水下遥感已经有数十年的历史。这项技术的基本原理是：利用海-气和海-底两个界面之间的声音反射，可以在海洋中形成声学波导。这是一般教科书中都有的内容，也是一个公认的事实。早在19世纪早期，海军最先应用了这一技术；直到现在，世界各国的海军仍然把海洋波导声学技术作为主要的水下遥感工具，用于水面和水下舰船以及声学监视系统（Sound Surveillance System，SOSUS）网络等固定装置上。从这些观测装置的性能上看，其水平遥感的范围都非常大，一般比水深大许多个数量级。从19世纪后半叶至今，海洋波导声学技术在海洋学遥感观测中的应用范围逐渐扩大，用于定量研究海洋和海底结构以及被动追踪会发声的海洋哺乳类等。

海洋波导声学技术用于海洋生态学和鱼类海洋学研究，即OAWRS技术的形成，则是近十几年的事。OAWRS是利用声束阵列进行水平360°扫描成像，从而完成大范围的海洋生物即时调查。为了形成同步OAWRS映像，需要垂直声源阵列发射一个水平全方位的简短的宽带声波。发出的声波从海面和海底同时反射，形成所谓波导模式的垂直驻波。这些波导模式与通常意义上的震动的琴弦相似，只不过现在整个海水立柱都如同琴弦一般被拨动了，并传播着声音。随着波导模式的传播，它们与环境中的各种物理和生物要素相互作用，并形成散射。这些物质的散射回波被一个水平拖曳的线性阵列接收器连续记录下来，并且根据回波与接收器阵列的距离和角度制图。

在此过程中，鱼体对声波的散射强度与海底声波散射强度的比例往往决定了OAWRS对鱼体的最大检测范围和辨识能力，而对鱼的探测范围又是鱼群密度、声学散射强度、深度分布以及海底散射强度的函数。当海洋学参数如深度、声速结构和声信号衰减等都是已知数时，可以用Rayleigh-Born体积散射法对大范围的海底散射进行高效和精确的估算。根据OAWRS对美国东北沿海典型的大陆架海底散射的数百次测定结果，现已确定了整个海床的Rayleigh-Born散射强度：在声波频率低于大约2千赫时，海底散射强度的频率依赖性大约为频率的2.4次方。利用接近鱼鳔共振的频率反射声波则可以更好地探测到鱼群，如150～600赫音频在深度大约为100米的海域可以很好地探测鳕鱼群。

从鱼群成像的准确性来看，由于鱼群在大陆架环境中无处不在，它们出现在较强声学反射区的可能性大大增加，因此，有必要通过大量的即时测量数据来反复确认鱼群的存在。非即时性测量数据的相关关系以及单一的或者仅在极少数空间位点出现的相关关系，则极有可能是假象。类似的情况也常出现在海洋地质构造研究中，广泛存在于陆架区的底基就很容易与其他机制造成的声学反射相混淆。

OAWRS在海洋生态学研究中的应用

OAWRS技术初次用于海洋生物学研究是2003年在纽约长岛以南的美国大陆架外侧的Mid-Atlantic Bight海域进行的实验。当时采用持续1秒的线性频率调制（linear frequency modulated，LFM）波形，用OAWRS扫描了相当于康涅狄格州或新泽西州大小的一块海区。因为整个区域的探测在瞬时完成，比海洋生物从一个OAWRS解析单元移动到另一个解析单元的时间还要短，因此观测图像可以说是瞬时形成。调查中，OAWRS通过垂直声源阵列发出频率为390～1400赫的声波，频率范围接近于调查海区内多种鱼类鱼鳔的共振频率。

这次针对渔业种群行为学的观察，在大型鱼群同步水平分布结构特征及其连续变化以及信息在鱼群中的传播方式等方面有多项重要发现，包括：①鱼群的即时空间分布遵循幂律分布过程，因此其结构相似性普遍存在于数米到数十千米的各种尺度；而此前的研究中仅发现小于100米尺度的结构相似性。②发现大型鱼群在水平两个维度上都更加连续，之前用一维线性剖面调查有时会将其误判为非连续的多个群体，而超大型鱼群的移动在群体规模的协调变换上仅需要几分钟就可以实现。③鱼群数量的变动在时间上也遵循幂律分布，因而鱼群的形成变得更容易预测。④鱼群密度波的信息传递通常是在千米的尺度上，比原来的观测结果大了3个数量级；速度上则比鱼的游泳速度快10倍。

2006年9—10月，美国国家海洋渔业署（National Marine Fisheries Service，NMFS）将OAWRS技术用在每年一次的鲱资源调查中。本次

调查在缅因湾和乔治浅滩（Georges Bank）进行，调查内容是研究与产卵过程有关的鲱集群行为。调查中，OAWRS同样是通过垂直声源阵列发出频率为390～1 400赫的声波，被鱼体散射的回声则通过拖曳式水平接收阵列接收。通过水平声学回波制图，就形成了数千平方千米面积的海洋环境瞬时成像。

通过这次海洋生态系统水平的调查，证实了有关自然界动物群体行为的一些普遍性推论。在对大型鲱群体在产卵期间的集结过程的定量研究中，发现当鱼类群体密度达到一个特定阈值的时候，鱼群的行动就由无序状态迅速转变成高度同步性；随即，鱼群开始有组织地迁移；并且，在这一过程中，一些由少数几尾鱼组成的"领导小组"对一些大群组的行为产生显著影响，会起带头和引导作用。

另一个重要发现是，鲱的产卵过程在空间和时间上严格遵循昼夜交替的模式，如果不是利用连续、大范围的遥感观测，就很难发现鲱的这些行为模式。首先是，在日落以前，由于光线渐弱的信号的诱导，一些之前就已经分散在乔治浅滩北侧的鱼群在一个或几个地点分别达到关键密度阈值。然后一些领导群体出现，引发鱼群集

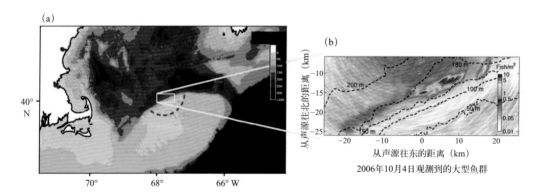

图6-14　2006年秋季利用OAWRS调查缅因湾的鲱鱼产卵行为

（a）缅因湾的深度图，红色圆圈标志OAWRS在75秒内扫描的海域面积；（b）为（a）图中方框区域OAWRS某时段观测结果聚焦由大约2.5亿尾鲱鱼组成的大型鱼群

结的浪潮，在数十分钟时间扩散到数十千米的范围；这一信号传播速度比鲱最大游泳速度要高一个数量级。随着鱼群集结完成，它们立即开始向乔治浅滩南部的产卵场移动。这些现象说明，集群的基本生物学功能是为了完成同步产卵；而鱼类之所以在深水区集群并且在黑暗中迁移，则是为了躲避敌害。

正是因为OAWRS在大面、实时观测方面具有无可比拟的优越性，所以在未来海洋生态系统研究中，这项技术必然会得到广泛的应用。利用OAWRS可以在广阔的时间和空间维度上观察各种鱼类、南极磷虾及其他海洋生物。不过，在真正进行OAWRS调查之前，我们需要预先知道调查生物的预期声波散射截面积、它们典型的群体密度以及每种环境条件下声学传播和海底散射特征等。OAWRS可以使用的传播频率范围很宽，从几赫的超低频率一直到几十千赫的高频。在低频端，海水中的拉格朗日声音传播衰减的速度比较慢，对海洋学要素的波动也不那么敏感。在设计OAWRS系统时，我们需要考虑它的运行频率，要让鱼在这个频率的声波散射强度最高。最佳OAWRS频率应该是足够低，以便让鱼体全方位地反射声波，让OAWRS灵敏地觉察鱼移动方向的变化。这在其他的声学鱼探仪上是完全做不到的。频率的选择还应低到可以从接收的声波中解析出3个要素：①向鱼体发射的声波；②鱼体散射的声波；③鱼体本身发射的声波。从理论上说，在选择了合适的声波频率后，OAWRS方法可以用来探测阿拉斯加狭鳕（*Theragra chalcogramma*）、秘鲁鳀（*Engraulis ringens*）、南大洋蓝鳕（*Micromesistius australis*）、南极磷虾（*Euphausia superba*）等各种经济渔业生物。目前，OAWRS已经被用在走航式调查船上。将来，随着海洋生态系统水平研究与保护管理的需要，这项技术很可能会用于某些海域的长期定点观测。

第七章

海洋CT
——地震海洋学

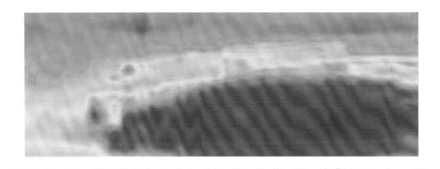

什么是地震海洋学

　　海洋是神秘的，由于高分辨的观测手段有限，观测数据缺乏，人们至今对海洋内部结构了解不多。自20世纪70年代以来，CT（Computer Tomography，计算机断层成像或计算机层析成像）技术出现，并不断升级换代，成为医疗领域的利器。其通过对人体内部不同部位进行高分辨率探测，获得各个器官乃至全身的医学影像，进而诊断病情。在其他领域，也有类似的无损探测的CT手段。CT技术给出了三维结构体的各个截面/断面的图像。如果对海洋内部结构的探测，也有相应的手段，则是非常好的事情。自2003年以来，世界上就逐渐发展了这样一门类似于海洋CT的技术——地震海洋学。

　　地震学是研究固体地球的重要地球物理学科，至今人们对地球内部的圈层结构（地壳、地幔、地核）的认识主要来自该学科的工作。地震层析成像（地震CT）是地震学中的一项专门技术，可给出地球内部不同切面的速度等参数变化的图像。地震海洋学把地震学的研究对象拓展到流体地球——海洋，从而获得海洋内部结构的高分辨率影像。地震海洋学作为一门新兴的交叉学科，以其高横向分辨率、短时间内对整个海水剖面进行成像和已有巨量反射地震数据的优势，有望在物理海洋学领域获得广泛应用，对海洋学发展产生重要影响，为揭示地球系统的演变做出贡献。

根据《中国大百科全书》的分类，地球科学包括固体地球科学、海洋科学、大气科学、空间科学与水文科学等学科；固体地球科学三大基础分支学科是地质学、地球物理学和地球化学；海洋科学的四大基础分支学科是物理海洋学、海洋地质与地球物理学、海洋化学和海洋生物学。地球物理学与物理海洋学交叉形成地球物理海洋学，目前为止发展的分支学科是地震海洋学。顾名思义，地震海洋学是用地震学方法研究物理海洋学问题的一门新兴交叉学科。

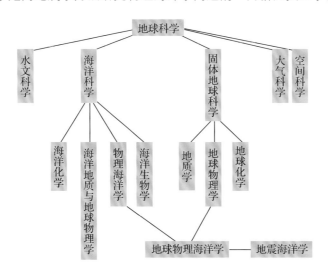

图7-1　地球科学的主要学科体系

众所周知，地震学是地球物理学的重要分支，对地球内部的圈层结构（地壳、地幔、地核）的认识主要来自地震学的认识，此外其应用学科——勘探地震学在油气勘探等领域作用巨大，发展迅猛，多年来勘探地震学中发展最快的是反射地震学。有人甚至说，没有反射地震学，就没有现代油气工业。海洋反射地震则是在海域进行地震勘探的一种方法，在调查研究海底构造、地壳结构、沉积物分布，探查油气、天然气水合物等资源方面应用广泛。在2003年之前，反射地震主要研究海底下的地层结构，海底以上的地震信号被认为是噪声，在最终的地震剖面绘制前对海底以上的地震信号进行切除（muting，归零）。Holbrook等在2003年《科学》（*Science*）上发表的论文开启了地震海洋学研究的大门，多国海洋地球物理学家与物理海洋学家开展合作，其中以欧盟2006—2009年的地球物理海洋学项目影响最大，2008年国际上第一届地震海洋学会议在西班牙召开，2009年《地球物理研究快报》（*GRL*）出版地震海洋学专辑标志着地震海洋学进入了一个迅猛发展的阶段。

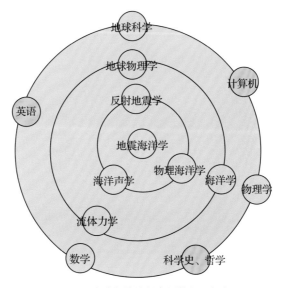

图7-2　地震海洋学研究用的知识框架

2003年，Holbrook等对采集于纽芬兰大滩附近的3条反射地震剖面进行了精细的处理，从处理后的叠加剖面上识别出了北大西洋暖流（NAC）和拉布拉多寒流（LC）锋面以及由于冷暖水团混合而强烈发育的温盐细结构，并认为可能存在水团侵入和因速度剪切引起的湍流；利用反射系数推算了海水层的温度差异，并估算出这种方法得到的温度分辨率约为0.1℃。他们指出，利用这种方法探测海水温盐细结构具有独特的优势：①可以实现大海域全深度成像；②地震成像具有高于传统物理海洋学观测手段约两个数量级的水平分辨率；③测量时间短，可以有效地消除由于海水运动带来的测量误差。他们的工作为物理海洋学探测提供了一个全新的思路，在其后的研究中，这种利用反射地震方法研究物理海洋学问题的工作被冠以地震海洋学（Seismic Oceanography）之名，作为一门独立的学科逐步建立并蓬勃发展起来。

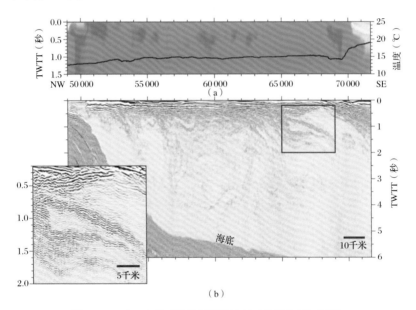

图7-3 Holbrook等对地震剖面的处理（黑线为SST曲线）

（a）为叠加速度（暖色表示高速，冷色表示低速）；（b）为地震测线1mcs的叠加剖面，左下小图为方框内部的放大显示

事实上，利用地震波动学或声学技术研究海洋温盐细结构并非新生事物，诸如：Hunt等分析了采集于红海的反射地震剖面后认为靠

近海底的水平反射层可能是热盐水体（温度约50℃，盐度约25.5）和上覆红海底层水之间的密度界面。考虑到该区域北部和南部的地震剖面没有发现类似的反射，据此他们大致圈定了红海热盐水体的分布区域；Gonella等利用反射地震方法研究了大西洋海水的物理海洋学性质。他们发现地震剖面上600~1 500米深度范围内反射明显，而750~800米的反射尤为密集，且呈现出向深海平原倾斜1°~3°的波状结构，他们将这些反射解释为M_2内潮波的群速度结构，这与Holbrook等的研究极为相似；Phillips等对Grand浅滩附近的多道反射地震记录处理后认识到浅层海水反射主要来自以下4个方面：①季节性混合层的下边界；②覆盖在湾流之上的Labrador低盐海水层；③主温跃层的上边界；④声传播通道（SOFAR）的上界面。这些都是早期在这方面的探索。但是，令人遗憾的是，他们的研究在当时并没有引起多数人的注意，以至于地震海洋学在2003年Holbrook等的论文面世后才得以逐步建立。

正如一切学科的发展历程一样，地震海洋学的发展之路并不平坦。在地震海洋学发展的前期，它广泛受到物理海洋学家的质疑。Ruddick等分析后认为有以下4种原因导致地震海洋学难以被物理海洋学家接受：①画图方式不一样，物理海洋学家以等值线图和瀑布图（waterfall plots）为主的画图方式；②地震剖面与温盐资料（如CTD数据）之间缺乏定量关系；③教科书中一般认为地震反射同相轴代表了尖锐的波阻抗界面，但是在海水中不存在这样的界面，只存在具有一定厚度的波阻抗过渡带；④这两个学科的专业术语不同。简言之，物理海洋学家对地震海洋学的成见来自其在研究物理海洋学过程中形成的思维定势。为了建立这两个学科之间沟通的桥梁，促进地震海洋学进一步发展，Ruddick等以易于被物理海洋学家所接受的语言阐述了反射地震方法的工作原理，从新的角度诠释了地震剖面与海水温盐分布的关系，将地震剖面解释为温度梯度在震源子波时间尺度上的平滑图像。Ruddick等的文章以谦逊的姿态向物理海洋学家表明：求同存异是地震海洋学家的科学态度，而促进海洋学的发展则是他们的最终目标。

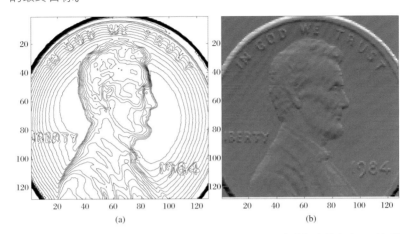

图7-4 Ruddick等利用1美分林肯头像的高度等值线图和高度梯度的灰度图形象地
解释了物理海洋学和反射地震学看问题的方式的区别

(a) 高度等值线图； (b) 高度梯度灰度图

Holbrook等的文章迅速得到许多国家地球物理学家和物理海洋学家的重视，他们纷纷利用专门的联合调查数据或以前用于探测海底以下构造的海洋地震数据，精细处理后对海洋细结构成像，并借此发现了涡旋、内波、海洋锋、潜流、温盐阶梯等海洋学现象，计算了内波谱、耗散率、混合率等海洋学参数，证明了地震海洋学在探测海洋学现象方面的有效性。在此期间，物理海洋学家和地震海洋学家不断辩论、沟通以至于相互理解和认同。2006年，欧盟开展地球物理学和物理海洋学联合调查项目GO（Geophysical Oceanography）。项目的开展标志着地震海洋学研究进入了一个新阶段，联合调查的实施标志着地震海洋学逐渐被物理海洋学家所接受，所有这些都预示着人类对海洋的认识将上升一个新台阶。

地震海洋学发展
历程回顾

　　地震海洋学是海洋研究的前沿科学与技术，它首先是一项技术，是把探测固体地球内部构造的地震学方法应用到探测海洋内部结构的新手段。由于海水是运动的，因此地震海洋学技术也在传统的油气勘探中的反射地震方法基础上有所发展，在资料处理、反演等方面均有所改进，从早期的地震图像的解译，到后期不同的定量方法的形成，反映了地震海洋学技术发展的进步。由于海洋观测资料少，地震海洋学以其高横向分辨率、快速探测全深度海水层内部结构的优势在中、小尺度海洋现象及过程的研究中，取得了众多创新性的科学认识。通过地震海洋学进展的综述，可以看出地震海洋学发展过程中，技术进步与科学发现是相辅相成的。

地震海洋学在刻画水团边界和识别海洋学现象中的应用

　　地震海洋学最直观的应用是刻画水团边界。Holbrook等通过地震剖面识别了北大西洋暖流（NAC）和拉布拉多寒流（LC）交汇形成的海洋锋面；Nandi等结合同时观测的海洋学数据，认为地震剖面上强烈的反射来自挪威海大西洋暖流（NwAC）和挪威海深层水（NSDW）的边界；Tsuji等利用地震剖面分析了黑潮引起的温盐细结构，指出这种细结构至少可以持续20天；Nakamura等利用联合调查的数据研究了黑潮和亲潮相遇的海洋锋面，从地震剖面上识别出约10米尺度的温盐细结构，同时观测的垂直流速剖面表明这些细结构是水团交错形成的。他们利用不同参数重复调查的方式说明了低能量震源也可以给出黑潮细结构清晰的反射图像；Yamashita等利用地震数据对黑潮产生的暖涡进行了研究。暖涡在地震剖面上表现为一系列向中心倾斜的同相轴，总体勾画出上凹的形态。反射同相轴倾角在靠近海洋一侧较大（约2°），靠近海滩一侧较小（约1°）。他们还在边缘处发现了一个宽度约30千米的透镜体结构，说明暖涡内部发育有复杂的温盐细结构。

Biescas等对历史的地震资料重新处理后，在其中的3条地震剖面上发现了地中海涡旋，分析后给出了其在地震剖面上的反射特征：上边界反射强烈，同相轴连续，彼此之间的垂直距离稳定；下边界反射较弱，同相轴不规则，连续性差；中间几乎没有反射。利用历史的CTD资料计算的Turner角表明：涡旋的上边界、下边界和中间分别对应于扩散对流、盐指和层结稳定区，说明反射地震方法可以用于认识地中海涡旋带来的混合过程；Pinheiro等对采集于西伊比利亚塔古斯（Tagus）深海平原的多道反射地震数据进行重新处理后发现了涡旋、气旋、地中海海水高盐舌等复杂的中尺度结构。结合同时的水下浮子测量、卫星海面高度和海水表面温度资料，他们将地震剖面上两个清晰的透镜状结构解释为已知涡旋（Meddy-9）和气旋的横截面。海面高度异常图证实了测线北部约25千米处存在直径较大的反气旋，海水表面温度资料也表现出反气旋的运动轨迹（图7-5）。

Song等发现了涡旋旋臂并对其混合机制进行分析。利用海水柱的地震成像研究了东北大西洋海区的中尺度涡旋有关的热盐侵入混合与

搅拌的作用。地震图像表明在涡旋核部混合较弱，而在涡旋的上部、下部和侧边界锋面处混合异常强烈。在地中海涡旋的附近，存在几个与热盐侵入对应的多个反射层组成的反射带，混合作用也异常强烈。推断这些反射带是由于地中海涡旋边缘不稳定或外部搅拌脱落形成的螺旋状旋臂。地中海涡旋与葡萄牙陆坡间的地震图像显示存在与地中海涡旋边缘相似强度和倾角的多个反射层，与涡旋细丝的预测结果不同，认为该区域涡旋搅拌形成的热盐锋面，进一步受到了热盐侵入的影响。中小尺度温度变化到微观的耗散的能量串级过程中，涡旋搅拌与热盐侵入均是重要因子。

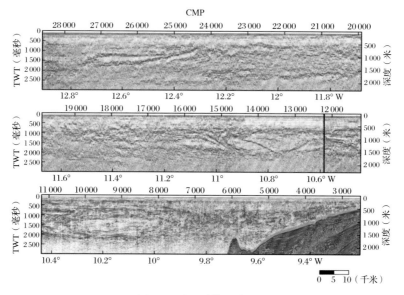

图7-5　处理后的地震剖面

从中可以识别出已知涡旋Meddy-9（CMP 12 500～15 500）、气旋（CMP 24 500～27 500）和一个未知的涡旋（CMP 7 000～11 000）

Buffett等利用反射地震方法对伊比利亚西部海域的地中海潜流（MU）进行了研究，用到的4条地震剖面垂直于潜流路径，与直布罗陀海峡的距离分别为400千米、600千米、800千米和1 000千米。在地震剖面上以均方根振幅识别出的北大西洋中层水（NACW）、地中海水（MW）和北大西洋底层水（NADW）与利用历史的海洋学数据以盐度35.7等值线划分的结果吻合得较好。在靠近陆坡处发现透明的反射带，被解释为地中海潜流路径。地震剖面显示地中海水内部的层状细结构可以延续长达数十千米，但是反射体的强度和连续性沿地中海潜流路径而降低，他们认为这是相邻水团混合的结果。

Biescas等对地中海潜流下面的温盐阶梯进行了反射地震成像。他们发现温盐阶梯与地中海涡旋相互作用的地方产生水团交错，进而发生混合过程；温盐阶梯与Gorringe海山相互作用时，在海山的东南方向，距海山越近反射越不明显，体现出混合过程的发生；而在海山的西北方向，地震剖面上几乎没有发现反射同相轴，历史的海洋学数据也表现出类似的特征。他们解释为地中海潜流在向北流动的过程中在海山东南方向与其发生碰撞，造成层结的破碎与混合的发生；地中海潜流与内波相互作用使反射同相轴表现出波动特征。Fer等在采集于北大西洋西部热带海域的地震剖面上发现了长久存在的温盐阶梯，利用CTD资料模拟的地震记录与实际观测非常吻合。波谱计算的结果说明温盐阶梯处的混合较弱，可以支持温盐阶梯的长期存在。

Mirshak等利用采集于加拿大新斯科舍东南部的多道反射地震数据和高密度大范围采集的XBT数据研究了湾流和冷的陆坡海水之间的锋面，识别出了涡旋、水团交错等中小尺度海洋学现象及一系列卷须状的细结构，而这是单纯利用海洋学数据很难观测到的。宋海斌等对采集于大西洋东部海域的地震数据重新处理后在地震剖面上发现了外部宽度约42千米、厚度约1 050米的大型透镜状结构，他们推断这是一个未被报道过的地中海涡旋。他们还在南海东北部的地震剖面上发现了广泛存在的波状反射同相轴，经分析这代表了内波的空间形态特征。郑洪波等研究南海L973-6测线反射地震剖面后发现，南海东北部上层海水水体结构较为稳定，但中、深层海水中内波非常发育。Tang等利

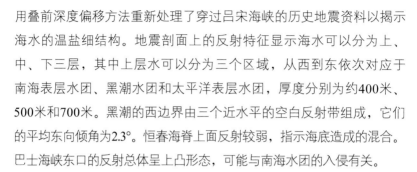

用叠前深度偏移方法重新处理了穿过吕宋海峡的历史地震资料以揭示海水的温盐细结构。地震剖面上的反射特征显示海水可以分为上、中、下三层，其中上层水可以分为三个区域，从西到东依次对应于南海表层水团、黑潮水团和太平洋表层水团，厚度分别为约400米、500米和700米。黑潮的西边界由三个近水平的空白反射带组成，它们的平均东向倾角为2.3°。恒春海脊上面反射较弱，指示海底造成的混合。巴士海峡东口的反射总体呈上凸形态，可能与南海水团的入侵有关。

Holbrook等首次将地震剖面上倾斜切穿等温线的一系列反射同相轴解释为M_2内潮波的群速度特征。他们的证据有以下几点：①反射同相轴切穿等温线，证明其为内波成因的可恢复的波阻抗界面；②被XCTD穿过的反射同相轴附近的温盐梯度变化表现出高模态内波的特征；③陆坡的倾角接近于M_2内潮波群速度的临界倾角；④反射同相轴与利用M_2内潮波的频率和当地浮频率计算的内潮的群速度轨迹极其吻合。数值模拟表明：低模态的M_2斜压潮与接近临界角的陆坡碰撞后产生高模态的M_2内潮波反射回来传向远海。他们认为地震剖面上的反射同相轴表现的是高模态的M_2内潮波的特征。

地震数据与海洋学参数的关系

利用地震数据如何得到声速、密度、温度和盐度等物理海洋学参数的空间分布是地震海洋学家和物理海洋学家共同关心的问题。地震剖面上反射的强弱表征波阻抗梯度的大小。在早期的地震海洋学研究中，人们常用反射振幅对比温度差异。Ruddick等首次对声速、密度、温度和盐度差异对反射系数的相对贡献进行了定量的研究，他们发现盐度差异对反射系数的相对贡献约为17%，远小于温度差异的相对贡献，并且在多数情况下盐度与温度伴随变化，从而说明利用反射振幅对比温度差异是合理的。Holbrook等在其开创性的文章中给出：3℃和0.4℃的温度差异分别对应于15米/秒和2米/秒的声速差异或−0.005和0.000 7的反射系数。他们指出地震图像至少可以分辨0.1℃的温度差异；Nandi等利用反射地震数据刻画了挪威海大西洋暖流和挪威海深层水团的边界，结合同时测量的XBT数据，他们证实地震剖面能够分辨0.03℃的细微温度差异；Tsuji等利用1999年采集的81条地震剖面对黑潮细结构进行了研究，直接利用反射系数推算出约1℃的温度变化。他们的工作都是试图建立或使用反射系数与温度差异之间的经验关系式，但是这里面至少存在以下两点困难：①虽然反射系数在很大程度上依赖于温度差异，但是Sallarès等的研究表明，有些海域盐度差异对反射系数的贡献不可忽视；②数据采集、处理的过程中对反射振幅影响的因素是多种多样的，因而很难得到精确的反射系数。因此，利用地震数据得到海洋学参数的空间分布必须通过定量的计算或反演。首先在这方面做出尝试的是Páramo等对AVO技术的应用。

AVO（Amplitude Versus Offset）技术利用反射波振幅随偏移距变化的规律反演介质物性参数。Páramo等利用AVO技术分析了挪威海地震数据的两个CMP道集，结果显示：CMP6665道集0.62秒处的声速差异为−6米/秒，CMP23503道集0.55秒处的声速差异为−1.2米/秒。利用Wilson公式计算的温度差异分别为−1.46℃和−0.30℃，与XCTD的测量结果非常吻合。他们的结果还表明反射系数对密度差异远不如对声速差异敏感，因此利用AVO技术得到的密度差异不太可信。利用AVO技术虽然可以高精度地得到海水层的声速和温度差异，但是很难同时获得全深度海水层的物性参数，一维全波形反演技术则没有这方面的限制。海水层具有温盐界面接近水平、声速的水平变化很小、不存在转换的剪切波、层间多次波可以忽略等特点，因而一维全波形反演方法非常适合于处理海水层的反射地震数据。Wood等分别对利用XBT资料模拟的地震数据和相应位置的实际地震数据进行全波形反演以验

证算法的有效性。模拟数据的反演结果表明：当使用真实声速的0～5赫分量作为初始模型时算法收敛到真实结果，仅存在小振幅的低频残差；当使用0赫分量（即声速为1 499米/秒）作为初始模型时，虽然可以精确地恢复真实声速的高频分量，但是0.6秒以后的低频成分无法恢复。造成这种现象的原因是0.6秒以后的数据缺少强反射，而强反射有助于低频分量的恢复。真实地震数据的反演结果表现出类似的特征：以真实声速的0～30赫分量作为初始模型时反演结果与真实声速非常吻合；而以0赫分量作为初始模型时反演结果在0.6秒以前与真实声速较为吻合，0.6秒以后则严重偏离真实结果。另外，去除直达波过程中对浅部振幅的压制导致这两种初始模型在浅部的反演结果都不理想。理论数据的反演精度主要由Hessian矩阵的最大、最小特征值比率和计算机精度决定，而影响实际数据反演精度的因素多种多样，诸如地震数据与初始模型的频带重叠程度、地震数据质量的好坏以及是否存在强反射层等，因此，在使用这种方法时要特别注意。

Papenberg等首次利用叠后地震剖面和同时测量的XBT数据反演了海水声速、温度和盐度的二维空间分布。他们的反演方法为：首先对地震数据进行保幅处理以保证反褶积后能够得到精确的反射系数剖面，然后利用随深度变化的密度分布得到反演声速的高频成分，结合通过XBT数据计算的低频成分给出最终的声速反演结果。其后，利用声速通过迭代的方式同时得到温度和盐度。以上过程中多次用到温盐关系，它是通过同时测量的CTD数据按照不同深度线性拟合得到的。他们的反演结果显示：温度和盐度的反演精度分别约为0.1℃和0.1，可以为物理海洋学研究提供高横向分辨率的基础数据。宋洋等将叠后约束波阻抗反演方法应用于模型数据，证明了其在计算海水声速、温度和盐度的二维空间分布方面的有效性。黄兴辉等将这种方法应用于GO联合调查数据，给出了声速、温度和盐度的反演结果，其中温度和盐度的反演精度分别约为0.16℃和0.04。研究表明：有了地震同相轴的约束，XBT测站之间的部分同样可以获得较高的反演精度。将这种方法应用于高质量地震数据，在只有少量海洋学数据约束的情况下依然可以得到高横向分辨率的温度、盐度资料，为物理海洋学研究提供大量的基础数据。

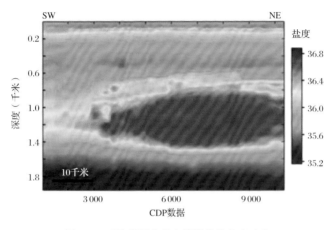

图7-6　反演得到的地中海涡旋的盐度分布

反射同相轴的谱分析在认识海洋能量传递中的应用

地震海洋学可以在短时间内对全深度海洋成像，因而其在研究内波水平波数能量谱方面具有天然的优势。Holbrook等从采集于挪威海的地震剖面上挑选出具有内波形态的同相轴进行了谱分析。他们利用Nandi等的方法将反射同相轴按成因分为两种：热盐入侵造成的平行于等温线且反射较强的同相轴和内波造成的倾斜切穿等温线且反射相对较弱的同相轴，从中选择第二种进行了水平能量谱计算。用于计算的数据来自深海和陆坡附近，这两处的计算结果表现出不同的特征：虽然都与GM76谱吻合得很好，但是存在差异。总体来讲，深海的能

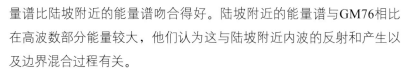
量谱比陆坡附近的能量谱吻合得好。陆坡附近的能量谱与GM76相比在高波数部分能量较大，他们认为这与陆坡附近内波的反射和产生以及边界混合过程有关。

利用反射同相轴计算内波能量谱隐含着一个假设前提：反射同相轴与等密线是吻合或平行的。Holbrook等计算的时候考虑到这个问题，因此对同相轴加以区分。而在不加区分的情况下这个假设的成立程度有多高还没有定论。虽然Krahmann等利用反射地震数据和Yoyo-CTD数据研究说明：当波长小于800~2 800米时，可以近似认为反射同相轴与等密线是吻合的，但是证据不够充分；Geli等认为反射同相轴与等密线不平行是因为震源频率太低导致地震图像分辨不出细微的水平反射而呈现出一条倾斜同相轴的假象，如果使用高频震源就会得到多条平行于等密线的精细反射同相轴。但这似乎也不足为证，因为Sallarès等的计算结果表明密度差异对反射系数的相对贡献约为5%~10%，甚至会出现符号相反的情况。他们的计算使用的是海洋学数据，与震源频率没有关系。无论如何，这是一个尚未解决的问题。另外，由于以前采集的地震数据较少有同时测量的温度资料，难以用Nandi等的方法区分，因此在后来的波谱计算中，人们便不加选择地将同相轴用于波谱计算。

Krahmann等利用3条地震剖面（ISE-12、ISE-17和IAM-4）估算了伊比利亚半岛西部海域的内波能级，计算的波数能量谱与GM76模型谱吻合。剖面IAM-4被Gorringe海山分为左右两部分，右侧存在一个地中海涡旋，内波能级近似为左侧的两倍；剖面ISE-12对应的海底地形变化较大，东侧较浅，西侧较深。较浅处或起伏较大区域的内波能量较强，似与海水与海底之间的相互作用有关；剖面ISE-17得到的内波能级变化规律与ISE-12类似。董崇志等利用地震数据计算了南海东北部内波的水平波数能量密度谱，结果基本与GM76模型谱一致，但在低波数段和高波数段两者的振幅及斜率存在一定的差异，他们认为这种差异主要与内潮波和复杂海底地形的强烈非线性相互作用及内波破碎等因素有关。

利用地震数据计算海水混合率也是地震反射同相轴谱分析方面的应用。Sheen等分析了采集于南大西洋海域的地震剖面，利用波数谱的高波数部分计算的平均扩散率为$10^{-4.2\pm0.5}$平方米/秒，与海洋学测量值吻合。计算结果显示：混合过程的空间分布不均匀，透镜体上面的平缓和连续的同相轴对应于低能量水平，而在海底粗糙的地区和透镜边界处混合比较强烈。他们的研究表明反射地震数据可以用来研究海洋内部中小尺度的能量传递过程。Fer等研究北大西洋热海海域温盐阶梯时利用地震数据计算了当地由内波引起的湍流耗散率，发现在温盐阶梯存在的地方计算结果低于测量湍流耗散率，这种情况与理论相符，可以支持温盐阶梯的长期存在。他们还计算了深海处和温盐阶梯处的内波谱并与GM75模型谱进行了对比，结果表明在$2\times10^{-3}\sim7\times10^{-3}$cpm（500～125米波长）范围内深海区的计算结果与GM75模型谱吻合得很好。而温盐阶梯区域的计算结果与GM75模型谱吻合得不好，在波长小于1千米的范围内，能量远小于模型谱。Ménesguen等试图用旋转层化湍流理论解释地中海涡旋上面的反射层，他们在对数空间以斜率$-5/3$拟合反射同相轴波数谱，识别出旋转层化湍流造成的反射同相轴的波长范围为300米至2.8千米。他们指出，震源频率对范围的识别有影响，高频震源将导致识别的范围向小尺度迁移。

虽然以上对反射同相轴进行谱分析的工作取得了良好的应用效果，但他们都逃避了一个共同的问题：数据的采集过程中，海水的时变性对利用地震数据计算的海洋内波水平波数能量谱的影响究竟是怎样的？针对这个问题，Vsemirnova等研究后表明：当调查船与反射体同向运动时，观测到的反射体的水平波数较真实值变小，反之则变大。他们指出，反射体移动的速度与观测速度在一个数量级上，因此，利用地震数据计算内波谱时，反射体移动造成的误差不可忽略。他们还

指出，如果知道反射体移动的速度，辅助以船速可以将计算的波数谱校正回其真实值。Klaeschen等最早在利用地震数据计算海水移动方面作出了尝试。他们的计算方法为：对于做过叠前偏移的地震记录，首先给定一系列可能的移动速度，利用这些速度和采集参数对CDP编号进行调整，使其回归到零时刻的"真实"位置，然后进行叠加操作，以叠加效率最高时所对应的速度作为最佳速度。叠加效率通过数据点的相位相关值给出。他们将这个方法应用到GO地震数据GO-LR-05剖面验证了其应用效果，但是在利用反射同相轴计算波谱方面还没有应用，或许以后在做这方面工作的时候应该适当考虑一下这个问题。

采集处理参数的影响

迄今为止，地震海洋学研究使用的数据基本上都是传统的采集和处理参数。考虑到海水的物性与固体介质相比具有的特殊性，对采集和处理过程中使用的参数进行探讨，以至于有针对性地设计这些参数是必要的。Nakamura等在研究黑潮细结构时使用了不同的震源系统和配置参数，他们发现虽然高能量震源可以探测出微小的波阻抗变化，但是其造成的气泡效应则会降低数据质量；而低能量震源却可以很好地压制气泡效应，在识别海水细结构方面具有优势；同时，增加覆盖次数可以提高数据的信噪比。Biescas等在研究地中海潜流时提到了震源频率对地震数据质量的影响。他们认为高频震源可以提供更高的分辨率。由于震源信号的高频信息在海水的传播过程中很快被吸收，因此他们建议处理数据时只利用近道地震数据，这样做可以尽可能地保留地震信号的高频成分，但是由于利用的数据少，降低了覆盖次数进而降低信噪比，因此要根据具体情况进行处理。Hobbs等专门设计了实验研究震源频带对海水反射地震图像的影响。由于海水不同于固体介质，它内部不存在明显的反射界面而是存在具有一定宽度的波阻抗梯度带，因此反射地震剖面的分辨率依赖于震源的频率。他们发现，主频为约20赫频带的震源可以识别垂向梯度带厚为几十米的波阻抗差异；主频为约80赫频带的震源的分辨率可以达到10米。不同频带震源的分辨率不同，因此如果希望利用反射地震方法研究多尺度的海洋学现象，必须使用宽频带的震源系统。Geli等利用高频震源的地震数据研究了加的斯湾的海水细结构。他们也指出，在高频震源地震剖面上可以分辨的一系列近水平的反射同相轴在低频震源地震剖面上表现出一条倾斜的反射同相轴，说明震源的频带严重影响着地震数据的分辨率。

海水声速在数据处理中起着非常重要的作用。虽然它的空间变化不大，但是足以影响数据的处理结果。Fortin等利用4种不同的声速模型对地震数据进行了处理，结果表明，在信噪比和同相轴的连续性方面，利用XBT计算的声速和利用速度分析得到的结果的应用效果明显优于利用常速度（1 500米/秒）和利用Levitus得到的结果。Buffett等在研究地中海潜流的时候也指出：虽然海水整体的声速变化不大，使用常速度（1 500米/秒）也可以得到较好的叠加剖面，但是做速度分析可以明显地提高叠加剖面的质量。

其他方面的研究

Sallarès等利用海洋学数据计算了速度差异、密度差异、温度差异和盐度差异对反射系数的相对贡献。他们发现：在垂直入射的情况下，密度差异和速度差异对反射系数的相对贡献分别为5%～10%和90%～95%。在非垂直入射的情况下，速度差异对反射系数的贡献值随入射角θ_i以$1/\cos^2\theta_i$增大，而密度差异对反射系数的贡献值不变，温度差异和盐度差异对反射系数的相对贡献分别约为80%和20%，随调查区域和海洋学现象不同而强烈变化。例如，在地中海潜流上边界，

物质和能量交换以扩散为主的地方，盐度差异对反射系数的相对贡献可以达到35%～40%，而在下边界物质和能量交换以盐指为主，其对反射系数的相对贡献只有约16%。因此，他们认为在计算中密度差异对反射系数的贡献是可以忽略的，而盐度差异对反射系数的贡献不能忽略。

Blacic等首次利用三维地震资料展示了反射体的空间形态。他们处理了采集于墨西哥湾的三维地震资料，发现剖面上约800米深度范围内存在反射强烈横向连续的反射体；较深的约1 100米附近也有反射体存在，但是反射较弱。将反射同相轴与同时测量的温度进行对比，发现大部分反射同相轴与等温线重合得很好，但是也有一些与等温线以一定的角度相交，他们将其解释为内波造成的可恢复性应变。从约650米深处挑选了两条反射明显的同相轴，以它们为参考进行纵向追踪，得到了反射体的空间形态。利用正弦形态信号拟合了其中一个反射体的一个波峰的走向，最佳拟合结果表明波峰的走向为181°。他们认为利用三维反射地震资料可以得到海洋学现象的空间形态和动力学特征，因而三维反射地震技术在地震海洋学研究中具有广阔的应用前景。

Kormann等利用二维有限差分方法和CFS-PML（Complex Frequency Shifted Perfectly Matched Layers）边界条件模拟了地震波场在时域的传播。他们利用真实的速度数据模拟了一条测线的炮记录，与实测的反射地震数据对比后发现，如果使用的震源子波的频带与真实值接近的情况下，模拟结果可以完全细致地重现地震剖面上的海水细结构和地中海涡旋。他们认为这种方法可以应用于地震海洋学研究中声波传播的模拟，也可以作为正演模块应用于波形反演的工作中。

Quentel等将小波分析方法应用于通过反射地震数据和海洋学数据得到的反射系数的分析之中，结果显示海洋学现象的垂向尺度集中在12～48米，对应的海洋学现象为地中海潜流、地中海涡旋和水团侵入等。由于海洋学数据具有较高的垂向分辨率，因此可以识别出更小尺度的海洋学现象，但是地震数据的横向分辨率远高于海洋学数据，可以识别出尺度为25～75米的水团入侵，这对海洋学探测来说是很难做到的；Buffett等首次将随机参数引入反射地震图像的非均质研究中。他们以带限的von Karman函数为基础计算了反射地震剖面对应的Hurst数和关联长度。Hurst数是数据随机性的判断量度，低Hurst数对应着大的随机性。他们发现地中海涡旋上面的Hurst数为0.39，与理论计算结果吻合得很好。但是关联长度却存在着一定的差别，他们认为这是以下两个原因造成的：①随机参数是从反射系数得到的而不是从波阻抗得到的，这会造成计算结果较真实值低；②地中海涡旋的地震图像只是其复杂三维构造的一个切片，它的运动也会对计算结果造成影响。无论如何，以随机参数计算地震图像非均质性的工作为认识海水细结构进而研究其动力学过程提供了一个新的角度。宋海斌等将经验模态分解（EMD）方法应用于南海东北部地震数据处理获得的垂直位移分布数据，结果表明：南海东北部海盆上方区域的内波包含波长约为1.2千米、2.5千米、4千米、12.5千米的分量，其中波长约1.2千米、2.5千米的内波在200～1 050米的深度范围内上下各层的波动基本耦合；波长约4千米与12.5千米的内波以600～700米的水层为分界，其上、下部分的内波相位差90°，指示低波数内波能量的斜向传播。这些研究表明，EMD方法在内波运动学特征的地震海洋学研究方面具有良好的应用前景。Song等进一步利用集合经验模态分解（EEMD）方法改善了内波垂直位移场的分解结果（图7-7）。

Sheen等利用地震数据、附近的CTD数据、海面高度数据和ADCP数据计算了南极绕极流在流经福克兰海沟时产生的地转流速度。他们工作的一个假设前提与利用地震数据做波谱分析工作相同：地震反射同相轴与等密度面是重合或平行的。由于他们利用的是反射同相轴的倾角而不是其本身的波动信息，因此这个假设成立的程度更高；另外一个假设为海水处于地转平衡状态，即由于地转产生的斜压与等密度面的倾斜平衡，这在大尺度上近似是成立的，因此在计算的时候需要Rossby数小于1。他们的计算过程为：首先，利用地震数据和CTD数据计算出垂直于地震剖面的水平速度的垂向梯度；其次，利用ADCP数据和海面高度数据得到海表面的速度；最后，利用表面速度和速度的垂向梯度在深度方向上积分得到绝对速度剖面。他们的计算结果与已有研究结果吻合得很好，预示着地震海洋学在研究大尺度地转流方面具有广阔的应用前景。

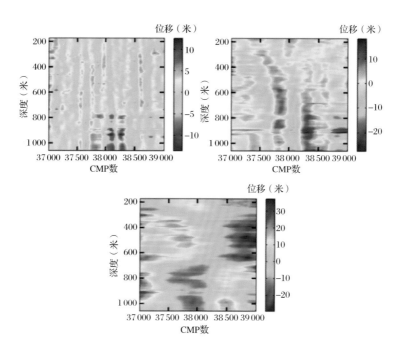

图7-7　将EEMD方法应用到南海地震剖面解译的内波垂直位移场得到的
3个波长分量

地震海洋学探测地中海涡旋案例及其剖析

　　海洋中的涡旋，特别是中尺度涡，对海洋温度、盐度分布有着重要的影响，如大西洋盐舌的形成就是地中海涡旋向西传播并耗散的结果。

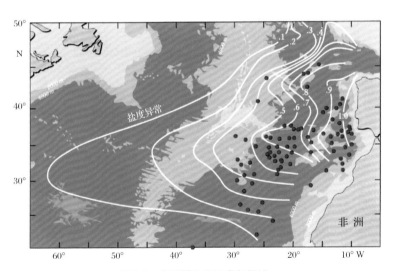

图7-8　大西洋盐度异常与涡旋
白色等值线表示盐度异常（盐舌），红色圆点表示观测到的涡旋

中尺度涡的发现是近几十年对大洋环流认识的一个突破性进展，它改变了人们对洋流的传统看法。中尺度涡的旋转速度一般都很大，并且一边旋转，一边向前移动。有人估计，这些中尺度涡的动能，占据了整个海洋里大、中尺度洋流动能的90%以上。大量中尺度涡的发现，使人们认识到，大洋环流的结构要比传统认识的更为复杂。而且，人们还发现，充斥于海洋中的这许许多多的涡旋，与大洋环流之间有着强烈的相互作用。中尺度涡的发现，不仅对洋流动力学，且对海洋热力学、海洋化学、海洋声学和海洋生物学等的发展，都有影响。了解涡旋动力学，对于有效地模拟动量、能量、热量、盐量、地球化学物质、营养盐及其他溶质之间的大、中尺度相互交换，并提供长期天气预报等，都是很重要的。

"地中海涡旋"是一种海洋中的典型的中尺度涡。1978年，McDowell与Rossby在北大西洋西部发现顺时针旋转的高温、高盐度涡旋，并认为该涡旋中的海水具有6 000千米以外东大西洋地中海海水的特性，并把这样的涡旋命名为"地中海涡旋"（Mediterranean Eddy，Meddy）。这一早期的发现引起了对这些涡旋的极大兴趣，掀起了研究大洋中地中海涡旋的物理性质、分布和演化的热潮。地中海涡旋的形成与西向运动，对地中海海水在大西洋的扩散、维系地中海盐舌具有重要作用。

地中海涡旋是高温、高盐地中海海水组成的反气旋（顺时针旋转）涡旋，在大西洋东部运动，具有较大的温度、盐度和速度异常。典型地中海涡旋的直径40～150千米，涡旋核部位于800～1 400米深，厚500～1 000米，最大盐度36.5左右，最高温度13℃。在地中海涡旋与周围海水的边界处，具有较高的温度和盐度梯度，导致丰富的细结构。在涡旋的顶部和底部发现了双扩散层，在涡旋核的外部发现厚约25米的热盐侵入结构。地中海涡旋的平均寿命为1.7年，但有一些超过

5年。结合每年从伊比利亚岸外形成的地中海涡旋数量，同一时间在
北大西洋最多有29个地中海涡旋共存。

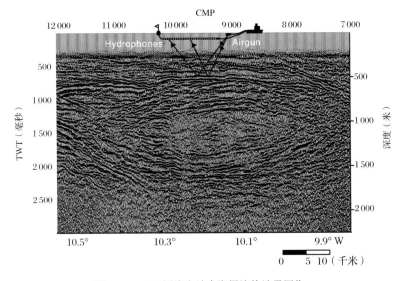

图7-9　IAM5测线上地中海涡旋的地震图像

　　2004年，宋海斌等与Pinheiro合作处理了几条伊比利亚岸外的地
震剖面，发现海底以上的海洋水层中普遍存在反射层，在一些段落上
发现有透镜状结构，通过与物理海洋学家Ruddick、Ambar等的合作，
进一步把这些透镜状结构确认并解释为地中海涡旋。例如，IAM5测
线上的一个大型透镜状结构。该结构位于IAM5测线的东段靠近陆坡
处，中心位置北纬38°，西经10.2°，视厚度约1 000米，中心深度1 200
米。它的核部被外部与内部边界限定。边界处的反射层坡度中等，与
热盐侵入对应。边部由多个反射层组成，给出了热盐侵入在边部的表
现。根据外部边界确定的视宽度42千米，视厚度1 050米，根据内部边
界确定的视宽度28.6千米，视厚度870米。核部反射弱，指示其由均匀
的水体组成。强反射的边界暗示热盐梯度高。据此推断这个结构是一

个没被报道过的地中海涡旋。当时，在该区域的中性浮子调查没有发现这一涡旋。

2006年欧盟在Cadiz湾启动地震与物理海洋联合调查项目GO为地震海洋学的进一步研究搭建了重要的平台，并采集了用于深入研究地中海涡旋的大量资料。Pinheiro等利用二维地震剖面结合声浮子、海面高度异常、海表温度资料对地中海涡旋以及地中海潜流进行了研究，Song等首次发现地中海涡旋旋臂，并对涡旋以及其混合动力机制进行了研究。Papenberg等和黄兴辉等提出了实用的地震海洋学反演方法，给出了地中海涡旋的二维温、盐分布断面，但没有对地中海涡旋的垂向结构做深入的分析。

为了更加详细地分析与理解地中海涡旋的结构，涡旋的温度、密度等相关物理性质的分析与研究将显得尤为重要。陈江欣等将基于GO项目中的GOLR12数据，利用地震海洋学新的联合反演方法，得到地中海涡旋的温度、密度与声速等物理性质数据，结合常规物理海洋学方法，从涡旋的温度、密度、波阻抗以及地震剖面等方面对涡旋的垂向结构及整体物理性质进行更为详细的描述与分析，最后对地中海涡旋的物理性质进行总结。

在反演得到的地中海涡旋海水密度的剖面图中，海水密度随着深度的增加有逐渐增大的趋势，涡旋核心水区域的海水密度具有与背景海水密度相一致的数值与变化趋势。涡旋混合水区域的海水密度变化比较复杂。在涡旋上部以及周围边缘区域海水的密度变化比较剧烈，局部区域发生剧烈波动甚至反转，例如在CDP 3 500米、深度800～1 200米，CDP 4 000～5 000米、深度1 400米区域，密度有剧烈的波动，局部小区域发生反转，表现为等值线发生垂直波动和剧烈扭曲，而海水密度的这种变化在涡旋周围以及上边界区域尤其明显。海水密度的变化与海水的混合作用密切相关，而海水密度发生反转一般是海水混合作用引发的小尺度湍流混合造成的。海水密度周围与上边界比较明显的波动与反转表明涡旋周围热盐侵入与上边界双扩散对流的海水混合作用能够比较容易引发海水的小尺度湍流混合作用，而且分布范围较为广泛，这也与Armi等对于涡旋混合作用的认识较为一致。涡旋下部边缘区域海水密度波动较小，相对比较稳定，其变化与内波的波动具有一致性。海水密度的剧烈变化表明涡旋混合水部分区域的海水混合作用比较剧烈。

为了更加直观地分析海水密度的变化情况，利用前1 000个CDP的数据计算平均值得到背景海水的平均密度，将密度数据减去平均密度得到距平数据并对其沿深度做50米平滑计算处理。在距平剖面图中，涡旋核心水下半部分区域整体上具有负的距平数值，上半部分区域整体上具有正的距平数值，边界位于约1 300米深度；涡旋混合水区域具有复杂的正负距平数值。部分区域海水密度距平数值的条带分布与密度反演结果和海水内波的波动具有很大的关系（图7-10）。地中海涡旋内部上下部分密度的互相补偿保证了地中海涡旋在其平衡深度的平衡性，其结果与Hebert等对地中海涡旋密度分布情况的分析结果相同。

地震海洋学方法能够提供更高横向分辨率以及更多的海水物理性质信息，这对于涡旋的描述、分析与研究具有更好的促进作用。丰富的反演数据能够更加直观地反映地中海涡旋的空间分布。由于新的地震海洋学联合反演方法能够得到海水温度、密度和波阻抗等数据，随后可以更进一步对涡旋的运动学以及动力学计算分析进行相关研究。

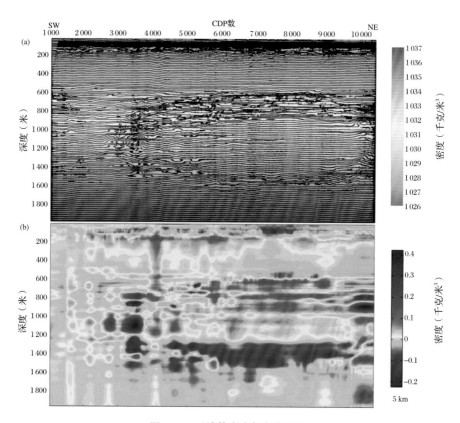

图7-10 反演的密度与密度距平

（a）黑色线为利用背景盐度场、压强场以及波阻抗数据反演得到的海水密度数据的等值线图，等值线间隔为0.1千克/米³，彩色底图为密度剖面图；（b）密度数据减去平均密度(前1 000个CDP密度的平均值)并对其沿深度做50米平滑计算处理得到的密度距平。涡旋核心水上层整体上具有正的距平数值，核心水下层具有负的距平数值

地震海洋学展望

地震海洋学研究表明，反射地震学方法可以对海水内部结构成像。海水层由于不同的温度、盐度，从而具有不同的声波速度和密度，形成波阻抗界面，从而可在反射地震剖面上呈现出反射同相轴，这些反射组成层状、椭圆状、波状、高角度反射层等几何形态，揭示了热盐细结构、涡旋、内波、锋面等特征。海水内部的反射系数较小，通常是海底反射（0.2左右）的0.1%～1%。但大量的地震海洋学研究表明这么弱的反射也是可以成像的。

地震海洋学在近期快速发展，目前一方面已给出了锋面、涡旋、内波等的高分辨图像，另一方面在内波波数谱、温盐结构反演、湍流耗散率的估算、流速估算等定量研究方面取得重要进展。其发展潜力一方面是深化对深海物理过程的认识，另一方面还有望直接对深海地质过程成像，提升深海海水层与海底的相互作用的认识。

地震海洋学有望在捕捉沉积搬运过程（如浊流、迷雾层）、海底喷泉（冷泉、热液）等方面也做出相应贡献。已有的大量地震数据需要去重新处理、分析，以获得令人意外、令人惊喜的发现，地震海洋学尚处于初级阶段，新的发现可能会改变人们的传统认识，有望揭示地球系统流体部分与固体部分相互作用的本质，为地球系统科学的突破做出贡献。

地震学是研究固体地球的重要地球物理学科，地震海洋学则把地震学的研究对象拓展到流体地球——海洋。地震海洋学作为一门新兴的交叉学科，具有高横向分辨率、短时间内对整个海水剖面进行成像和已有巨量反射地震数据的优势，有望在物理海洋学领域获得广泛应用，对海洋学发展产生深远影响。

第八章

碳中和"蓝色方案"
——海洋碳汇

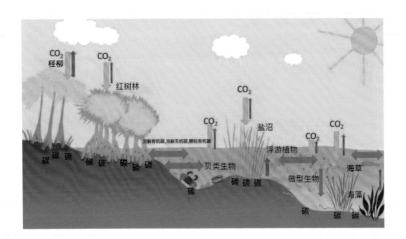

什么是海洋碳汇

海洋如何储碳？

海洋碳汇（也称"蓝碳"），是利用海洋活动及海洋生物吸收大气中的二氧化碳（CO_2），并将其固定在海洋中的过程、活动和机制。2009年，联合国环境规划署（UNEP）、联合国粮农组织（FAO）和联合国教科文组织政府间海洋学委员会（IOC/UNESCO）联合发布《蓝碳：健康海洋固碳作用的评估报告》（简称《蓝碳》报告），确认了海洋在全球气候变化和碳循环过程中至关重要的作用。《蓝碳》报告指出，与其他生物碳汇相比，海洋碳汇具有固碳量大、效率高、储存时间长等特点。海洋是地球上最大的活跃碳库，据估计是陆地的10倍、大气的50倍。在时间尺度上，相较于森林、草原等陆地生态系统数十年到几百年的碳汇储存周期，海洋碳汇可储存长达千年之久。

当前，海洋碳汇的研究主要包括滨海生态系统碳汇（滨海蓝碳）、渔业碳汇和微型生物碳汇三部分。

滨海蓝碳主要由红树林、海草床和盐沼等生境捕获的生物量碳和储存在沉积物（或土壤）中的碳组成。滨海蓝碳吸收、转化和保存的过程是一系列复杂的生物、物理和化学过程，涉及海陆交换，植物、动物和微生物的相互作用以及碳通量和库存量的动态时空变换。红树林、海草床和盐沼等生态系统具备很高的单位面积生产力和固碳能力，其储碳能力强的原因主要是碳封存时效长，在沉积物厌氧环境对有机质分解的抑制作用下，大量植物残体能够被较长期地保存；并且碳捕获效率高，从全球尺度来看，滨海蓝碳生态系统仅占海床面积的0.2%，却贡献海洋沉积物碳总储量的50%。因此，红树林、海草床和盐沼是滨海蓝碳的主要贡献者，在缓解全球气候变化方面发挥着重要作用。

渔业碳汇是指通过渔业生产活动促进水生生物吸收水体中的CO_2，并通过收获把这些已经转化为生物产品的碳移出水体的过程和机制。主要包括藻类和贝类等养殖生物通过光合作用和大量滤食浮游植物从海水中吸收碳元素的过程和生产活动，提高了水域生态系统吸收大气CO_2的能力。我国作为世界上贝藻养殖第一大国，每年通过贝藻养殖活动形成的碳汇量非常可观。因此，渔业碳汇是海洋碳汇的重要组成部分，是最具扩增潜质的海洋负排放途径。

海洋微型生物个体虽小，但数量极大，生物量占全球海洋生物量的90%以上，是海洋碳汇的主要驱动者。海洋微型生物固碳、储碳机制主要包括依赖于生物固碳及其之后的以颗粒态有机碳沉降为主的"生物泵"（biological pump, BP）与由我国焦念志院士提出的依赖于微型生物过程的"微型生物碳泵"（microbial carbon pump, MCP）。海洋微型生物碳汇潜力巨大，对其相关科学过程机制的研究和生态示范工程的研发，可为海洋负排放提供有力支撑。

海洋碳汇可为碳中和发挥什么作用？

应对气候变化是国际共识，是我国践行"人类命运共同体"理念、积极参与全球治理的有力抓手。2020年9月22日，我国在第75届联合国大会上提出中国"二氧化碳排放力争于2030年前达到峰值"，

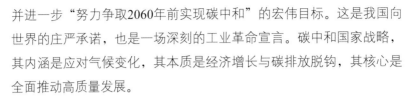

并进一步"努力争取2060年前实现碳中和"的宏伟目标。这是我国向世界的庄严承诺，也是一场深刻的工业革命宣言。碳中和国家战略，其内涵是应对气候变化，其本质是经济增长与碳排放脱钩，其核心是全面推动高质量发展。

实现"碳中和"，既要"减排放"，更要"负排放"。实现碳中和目标的根本途径：一是减排（减少CO_2向大气中的排放），二是增汇（增加CO_2的吸收和储藏）。在替代能源尚远远不足的情况下，硬性减排势必影响经济发展。增汇则是两全其美之策，尤其是主动的人为增汇（即负排放），是在保障经济发展和承担国际义务双重压力下我国"碳中和"的必由之路。党的十九届五中全会决议指出，碳排放达峰后稳中有降。当前，中国CO_2排放总量很大，要实现"碳中和"目标，必须大力研发"负排放"的各种途径。如果说"减排放"是对我国能源结构进行变革调整，"负排放"则是为国民经济发展保驾护航。

海洋不仅是巨大的碳库，也是主动吸收大气CO_2的汇。据估算，海洋吸收了工业革命以来人类排放约40%的CO_2，且其吸收能力随大气CO_2浓度的升高呈增加趋势。中国海域总面积约470万平方千米，纵跨热带、亚热带、温带、北温带等多个气候带，有约300万平方千米的主张管辖海域和1.8万多千米的大陆岸线，发展海洋碳汇的自然条件优越。据统计，我国滨海湿地面积约为670万公顷，其中，红树林（面积估计为2万～3.2万公顷）、海草床（面积估计为1万～3万公顷）、盐沼泽（面积估计为1.2万～3.4万公顷）三大海岸带海洋碳汇生态系统分布广泛。此外，我国海水养殖面积和产量多年稳居世界第一，15米等深线以内的浅海滩涂面积约为1 240万公顷，海水养殖的空间潜力巨大。当前全球最大的生态系统水平的实验证明，微型生物碳汇具备科学的有效性和现实实施的可行性，可望通过生态工程再现地球历史上曾经发生过的大规模碳封存。我国具有坚实的海洋碳汇理论基础，在"碳中和"目标指引下，大力发展海洋碳汇恰逢其时。

海洋碳汇包含哪些主要生物学机制？

开阔大洋通过储存或隔离大气二氧化碳至深层海洋，当时间尺度达百年甚至千年，即减缓了大气二氧化碳压力而调节气候。传统上，溶解度泵（solubility pump）控制无机碳的封存，从化学海洋学和物理海洋学角度解释了如何维持溶解无机碳（通常指溶解的二氧化碳、碳酸根、碳酸氢根分子）从表层到深海的浓度梯度。生物泵和微型生物碳泵则从生物的角度解释了海洋的长期储碳。

生活于海洋表层的浮游植物固定无机的碳，生成生物体和有机碳，一部分微生物可与胞外有机质聚集及其他生物的生命生态过程形成颗粒有机碳（particulate organic carbon, POC），生物泵通过重力沉降输送颗粒态的有机碳至海底沉积形成长期储碳。微型生物碳泵通过异养微生物、病毒裂解、原生动物捕食等生态活动产生不易降解的溶解有机碳（dissolved organic carbon, DOC），广泛分布于海水中长期储碳。

生物泵概念于20世纪80年代提出，早期被称为软组织泵（soft tissue pump），后逐渐被称为生物泵或生物碳泵。生物泵是一个相对成熟的理论，不断深入的生物海洋学研究以及日渐丰富的研究成果揭示了生物泵的储碳机制、颗粒有机碳的成分和不同水层碳通量。然而生物泵的储碳效率并不高，虽然不同研究计算存在偏差，但生物泵最终"封存"沉积的颗粒有机碳量，仅占表层固定有机碳的$0.1\% \sim 1\%$，绝大部分颗粒有机碳在垂直尺度运输过程中被异养生物呼吸利用，重新变成无机碳（例如CO_2和其他溶解无机碳分子）。

微型生物碳泵是指海洋微型生物的生理代谢和生态过程将活性有机碳转化为难以被生物利用的惰性有机碳，从而长期封存在海水中的

储碳机制。海洋有机碳库中，绝大部分（约95%）是溶解态的有机质（dissolved organic matter, DOM），而这巨大的DOM库中，超过95%的组分耐受微生物降解，被称为惰性溶解有机质（recalcitrant DOM或recalcitrant DOC, RDOM或RDOC），海洋RDOC库的储碳量可与大气二氧化碳相媲美，故RDOC库的动态变化会直接或间接影响大气二氧化碳的浓度，进而对全球气候变化产生重要影响。实验不断证实天然微生物群落反复利用活性有机质（单一结构碳源、复杂的浮游植物碳源、天然沉积物有机质组分等）转化为与深海惰性有机质相似的组分，证实了我国科学家焦念志院士提出的不依赖于颗粒沉降的"微型生物碳泵"理论。

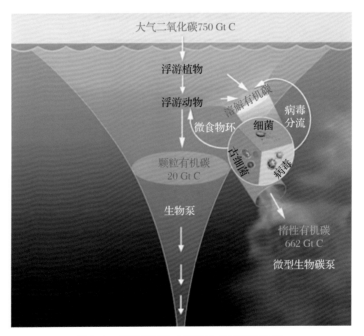

图8-1 海洋储碳的主要生物学过程和机制

海洋碳汇发展历程

国际上的活动

国际组织很早就认识到海洋碳汇的重要作用。之前提到，2009年联合国环境规划署等机构联合发布《蓝碳：健康海洋固碳作用的评估报告》，指出海洋碳汇在全球气候变化中的作用至关重要。保护国际（Conservation International）和政府间海洋学委员会等联合启动了"全球蓝碳计划"（The Blue Carbon Initiative），成立了蓝碳政策工作组和科学工作组，发布了《蓝碳政策框架》《蓝碳行动国家指南》《海洋碳行动倡议报告》等一系列报告。2019年9月联合国政府间气候变化委员会（IPCC）通过了《气候变化中的海洋和冰冻圈特别报告》，并指出基于自然减缓措施的海洋碳汇（增汇）和基于人为减缓措施的海洋可再生能源（减排），将在应对气候变化中发挥重要作用。

在国家政策层面，发达国家通过政策制定凸显海洋在应对气候变化领域的贡献。2015年澳大利亚政府在第21届《联合国气候变化框架公约》缔约方会议巴黎峰会（COP21）期间发起了"国际蓝碳伙伴"，并在之后的气候变化大会上召开蓝碳问题边会。韩国海洋环境管理公团在海洋与渔业部的支持下，于2018年11月第6届东亚海大会期间组织了东亚海区域蓝碳研究研讨会，提出建立东亚海区域蓝

碳研究网络，旨在领衔东亚地区蓝碳发展。美国NOAA从市场机会、认可和能力建设、科学发展和国家层面几个方面提出了国家蓝碳工作建议。印度尼西亚在全球环境基金的支持下实施了为期四年的蓝色森林项目，建立了国家蓝碳中心，编制了《印尼海洋碳汇研究战略规划》。此外，肯尼亚、印度、越南和马达加斯加等国已启动盐沼、海草床和红树林的海洋碳汇项目，开展实践自愿碳市场和自我融资机制的试点示范。2020年10月美国提出了《海洋气候解决方案法案》，从蓝碳、保护区、海上能源、航运、气候适应等方面提出了一揽子方案。

在科学技术层面，发达国家关注技术创新，特别是海洋颠覆性技术创新对碳中和的贡献。2020欧盟地平线项目设立719万欧元资助"基于海洋的负排放技术研究"，旨在研发海洋负排放颠覆性技术、预测实施时间节点、评估综合社会效应，遴选政府和社会可接受的最佳方案。其中，具有颠覆性技术属性的微生物和化学人工海洋碱化方案备受欧盟关注，被认为是最有效且副作用较小的负排放技术。

在海洋碳汇核算方法学和标准方面，主要包括国家温室气体清单编制、碳储量调查与监测等。2014年IPCC发布的《对2006IPCC国家温室气体清单指南的2013增补：湿地》中给出了海草床、红树林、滨海沼泽三大蓝碳生态系统的清单编制方法，涉及森林管理、土壤挖掘、排干、再浸润、恢复和创造植被等活动的CO_2排放和吸收以及水产养殖的一氧化二氮（N_2O）排放和再浸润的甲烷（CH_4）排放。针对不同数据级别，规定了各项活动导致的各类碳库变动的计算方法、排放因子和活动数据的选择以及不确定性评估方法。目前，美国和澳大利亚已连续两次将滨海湿地纳入各自的国家温室气体清单，并不断完善清单内容。澳大利亚还将清单编制作为环境外交手段在巴布亚新几内亚、印度尼西亚、斐济等国开展蓝碳调查。

国内的历程

  中国政府历来重视海洋碳汇的发展，并做出前瞻性战略部署。2015年，《中共中央国务院关于加快推进生态文明建设的意见》中指出增加森林、草原、湿地、海洋碳汇等手段，有效控制温室气体排放；"十三五"规划（纲要）提出加强海岸带保护与修复，实施"南红北柳"湿地修复工程、"生态岛礁"工程，实施"蓝色海湾"整治工程；《"十三五"控制温室气体排放工作方案》提出"探索开展海洋等生态系统碳汇试点"；《中共中央国务院关于完善主体功能区战略和制度的若干意见》指出，要"探索建立蓝碳标准体系及交易机制"；《全国海洋主体功能区划》提出积极开发利用海洋可再生能源，增强海洋碳汇功能；《"一带一路"建设海上合作设想》提出与沿线国共同开展海洋和海岸带蓝碳生态系统监测、标准规范与碳汇研究。2021年10月，中共中央、国务院印发的《关于完整准确全面贯彻新发展理念做好碳达峰碳中和工作的意见》强调要"巩固生态系统碳汇能力""提升生态系统碳汇增量""整体推进海洋生态系统保护和修复，提升红树林、海草床、盐沼等固碳能力"。

  我国科学家在海洋碳汇基础研究领域处于领先地位，特别是在微生物海洋学研究领域引领国际前沿。2008年我国科学家提出了"海洋微型生物碳泵"理论框架，解释了海洋巨大溶解有机碳库的来源，得到国际同行广泛关注和认同，美国《科学》（*Science*）杂志评论MCP为"巨大碳库的幕后推手"。国际海洋研究科学委员会（SCOR）专门设立了由我国科学家领衔的MCP科学工作组（SCOR-WG134）。2011年，微型生物碳泵被国际海洋与湖沼科学促进会（ASLO）遴选为四个前沿科学论题之一。2013年，国际大型海洋联合研究计划——海洋生物地球化学与生态系统集成研究（IMBER）战略研讨会（IMBIZO）遴选微型生物碳泵为三个战略研讨主题之一。同样

在2013年，国内30多个涉海科研院校、部委和企业形成了以基础研究为主，涵盖产、学、研、政、用的联盟体——全国海洋碳汇联盟（COCA），旨在推动海洋碳汇研发，推动微生物海洋学科发展，服务国家需求。2014年8月，在中国科学院学部第39次"科学与技术前沿论坛"暨"海洋科学与技术前沿战略论坛"上，我国海洋科学家自发成立了"中国未来海洋联合会"（CFO），对内衔接中国"未来地球"计划，对外衔接国际"未来海洋"计划。2014年，在IMBER"未来海洋"大会总结中，微型生物碳泵被遴选为"研究亮点"。2015年，我国科学家联合美、欧、加等国科学家，与两大国际海洋科学组织"北太平洋海洋科学组织"（PICES）和"国际海洋考察理事会"（ICES）开展合作研究，致力于通过学科交叉及国际组织间联合攻关，连接科学与政策，促进政府间合作。2016年PICES为积极应对全球气候变化对海洋生态系统的影响，设立了"未来"科学计划（PICES FUTURE）。PICES中国委员会为此建立了与之相对应的中国计划——FUTURE-C计划，这不仅有助于推动国际PICES FUTURE科学计划，提高中国在PICES的话语权和影响力，而且有助于推进我国实施海洋强国建设，保障海洋生态系统可持续发展。

2016年召开了由我国科学家发起并担任主席的"戈登科学前沿研究论坛"（GRC）——"海洋生物地球化学与碳汇论坛"，重点研讨各种海洋储碳机制以及海洋碳汇的社会和经济价值等，被《科学》（science）封面报道。2017年，雁栖湖会议首期国际论坛由中、美、加、欧科学院院士共同发起，针对我国在全球变化背景下应对气候谈判、实施减排增汇及发展低碳经济的迫切需要，遴选"陆海统筹论碳汇"为主题，围绕"海洋碳汇过程与机制"等议题产出丰富的学术成果。同年，IPCC第六次评估报告（AR6）特设"气候变化和海洋及冰冻圈特别报告"，纳入海洋碳汇相关内容，我国科学家受邀作为海洋碳汇的主要推动者被IPCC遴选为该特别报告第五章"气候变化中的海

洋、海洋生态系统及群落"的领衔作者之一，2019年IPCC正式发布了
《气候变化中的海洋和冰冻圈特别报告》，纳入了"微型生物碳泵"理
论以及陆海统筹、养殖区增汇等中国特色鲜明的增汇方案。2020年，上
述方案被纳入联合国政府间海洋学委员会（IOC）海洋碳研究总结报
告（IOC-R）以及未来十年海洋碳联合研究与观测的应对气候变化的
解决方案。在2020海洋生态经济国际论坛上，来自教育部、中国科学
院、自然资源部、农业农村部等部委所属大学和研究机构的全国海洋
碳汇联盟成员代表共同发布《实施海洋负排放 践行碳中和战略倡议
书》，在科学界引起极大反响。

图8-2　以MCP理论为基础的"戈登科学前沿研究论坛"（GRC）
——"海洋生物地球化学与碳汇论坛"

海洋碳汇扩增的技术

随着全球气候变化问题的加剧，人们对海洋碳汇的关注从"碳循环"的科学问题转变成"碳中和"的技术问题，海洋科学与技术又一次以交叉融合的方式展现出其生生不息的创新活力。

滨海湿地增汇技术

滨海湿地增汇技术是通过人类活动来增加滨海湿地碳储量，或避免/减少自然状态下滨海湿地退化从而导致碳储量损失的技术。其中滨海湿地碳汇指的是红树林、盐沼、海草床、天然海藻场等滨海生态系统，通过光合作用将大气和海洋中的CO_2以有机碳的形式固定在植被体和沉积物中的过程。

滨海湿地具有显著的固碳能力和综合生态环境效益，是应对气候变化的重要资源。部分发达国家已将增加滨海湿地碳汇纳入碳中和技术方案。然而滨海湿地面临气候变化和人类活动的双重压力，资源退化严重。澳大利亚、欧洲、美国和中国等都在大力推进基于滨海湿地面积扩展及资源养护的增汇技术研发。我国是世界上少数几个同时拥有海草床、红树林、盐沼、海藻场生态系统的国家之一，发展滨海湿地蓝碳具有独特优势。

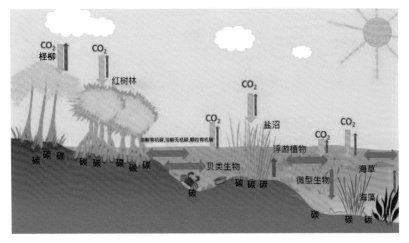

图8-3 滨海湿地碳汇过程示意图

红树林增汇技术

20世纪80年代以来，全球红树林面积已缩减超过20%，且以年均0.7%的速度缩减，比陆地上其他类型的森林缩减速度快3~4倍；沿海滩涂开发和近海养殖活动进一步加速了红树林资源退化。

国际红树林修复研究与实践已有较长历史。20世纪50年代开始，联合国粮农组织在35个国家实施了60多个实地项目，主要涉及红树林保护、恢复、管理和可持续利用等方面。进入80年代，全世界对红树林开展了大规模的调查工作。21世纪以后，红树林修复的对象、内容、尺度和范围不断延伸。以20世纪90年代中期为界，红树林修复技术逐步由单个生境、群落或物种或局部小尺度修复为主的修复技术研究，转向整体的生态修复统筹规划。典型技术包括：①废弃虾塘红树林修复技术，逐渐在越南、印度尼西亚、菲律宾和一些南美国家开展，具体形式包括在虾塘排水渠种植红树林、将连片虾塘一部分改造为红树林等；②河口水系重设技术，即拆除岸线和入海河流上的障碍物，恢复泥沙自然沉积和水力平衡，从而控制海水入侵、防止海岸沉陷、保护滨海湿地。

我国在红树林增汇方面已形成废弃虾塘生态修复技术、自然恢复技术、补苗改造技术、重建造林技术、红树林生态农场技术等系列技术。我国规模化的红树林修复始于20世纪50年代，育苗技术和宜林地选择是早期研究的重点。21世纪后，红树林土壤环境、生物群落特征、生态系统凋落物、物质循环等生态过程和功能开始受到关注，但系统性和整体性的宜滩宜林地调查评价还处于初期阶段。通过持续加大对红树林资源的保护修复力度和大规模人工造林，我国成功遏制了红树林面积急剧下降的势头。近20年来我国红树林面积增加7 000公顷，成为世界上少数几个红树林面积净增加的国家之一。目前我国已成立超过50个以红树林为对象的保护地，55%的红树林湿地被纳入保护范围，远高于全世界25%的平均水平。

盐沼增汇技术

国际上主要盐沼增汇技术包括：①梯状湿地技术，即在浅海区修建缓坡，可有效减弱海浪冲击，促使泥沙沉积，有利于当地互花米草及其他湿地植物的种植，已在美国路易斯安那州盐沼修复中成功应用；②海岸带微地形改造技术，即利用工程弃土填充逐渐消失的滨海湿地，抬升到一定高度后种植先锋植物来开拓恢复滨海植被，已在美国得克萨斯州加尔维斯顿湾取得了显著成效；③盐沼植被群落稳态恢复技术，以提高湿地恢复的成功率和长期稳定运行效果为目标，深入综合分析湿地物种和栖息地等演变过程并设定参照恢复状态，开展盐沼植被群落稳态恢复，相关技术已在澳大利亚和新西兰的海草床恢复中应用。

我国主要盐沼增汇技术包括：①斑块修复技术，如在盘锦开展的芦苇和翅碱蓬盐沼湿地修复示范工程，通过水文调节、微地貌改造，成功地恢复水文联通性、增加了湿地水域面积；在黄河三角洲湿地开展的"明水面-季节性积水-高地多级水分梯度带"构建技术，通过修建引水沟渠，适时调整湿地水沙补给量，形成黄河与湿地动态连通机制，满足不同湿地植被的水深需求，使得湿地生物多样性显著增加、生态功能趋于正常；②多重修复组合技术，从水文修复、植被修复、基底修复、沙蚕生物资源恢复等多重修复技术的合理组合入手，在兴城翅碱蓬潮滩进行实践，取得了成效。

海草床增汇技术

海草床种植技术在部分国家已非常成熟，例如：美国弗吉尼亚州通过种子播种技术在125公顷的裸露海床上投放了0.38亿颗种子，经过10年海草床面积增加到1 700公顷；瑞典已发布鳗草恢复指导手册，在古尔马峡湾通过根茎移植技术在12平方米的区域进行海草移植小型实验，4年后海草扩张到了100平方米；另外，在古尔马峡湾外通过大规模实验移植了600平方米鳗草，三个月后面积增长了220%。

我国海草床增汇技术主要有种子法、草皮法、根状茎技术、海底土方格技术等。例如：山东荣成通过鳗草幼苗培育与移植技术，增加近海渔业资源数量，修复渔业种群结构，助益海草生态系统重建；海南文昌结合海底土方格技术采用单株定距移植海菖蒲及泰来草，一年后成功修复海草床面积超667平方米，其中泰来草斑块平均成活率高于56.4%，平均分蘖率高于22.6%，平均覆盖度高于4.3%；海菖蒲斑块平均成活率高于88.8%，平均分蘖率高于3.1%，平均覆盖度高于21.9%；另外，河北曹妃甸海域实施了龙岛西北侧海草床生态保护与修复一期工程，补植海草植株111万株，海底撒播海草种子800万粒，移植海草植株450万株。

海藻场增汇技术

国际天然海藻场增汇技术主要是礁石生物恢复技术，即将结构物沉入海底来帮助海岸带大型海藻场等生物种群重建和恢复，目前已在日本、马尔代夫和塞舌尔等国成功应用。日本从1945年开始开展近岸海藻场恢复重建技术研究，通过投放藻礁营造岩礁性海藻场的生态工程，在海面围垦的周边海域有效地利用平整土地等产生的零碎岩石营造了海藻场。恢复后的海藻场与天然海藻场无异，有丰富的鱼类、贝类等生存，发挥了生态系统的基础功能，并逐渐形成稳定的生态系统。美国则从1996年开始实施重建巨型藻场的生态工程，在海藻的生命周期及最宜生长条件优化、海藻场衰退原因诊断、海藻场重建的最宜栽培技术等方面开展了系统研究。

对天然海藻场分布和总生物量的调查和研究是开展相关增汇技术研究的基础。我国已在重点区域开展天然海藻场调查工作，但与发达国家尚存在较大差距。目前我国海藻场恢复的具体技术有孢子育苗藻礁构建技术、网袋捆苗藻礁构建技术、苗绳夹苗藻礁构建技术等。恢复海藻场的基质既有自然基质的天然岩礁海岸和礁石盘，又有人工构建的浮床/筏架；在海藻场恢复选择与选址、海藻场恢复区域的基本调查（水文，水质，基底和沉积物类型等）、目标藻种筛选及移植恢复技术等方面都有所发展。

渔业增汇技术

渔业碳汇是海洋生物碳汇的一种，是指利用渔业生产活动促使水生生物吸收水体中的CO_2，并通过收获将这些碳移出水域的过程。主要类型包括海水养殖（藻类养殖、贝类养殖等）和海洋牧场（增殖放流、人工鱼礁）等。我国是全球最大的海水养殖国家，渔业是国民经济重要产业，更是重要的海洋碳汇资源。中国海水养殖面积和产量多年稳居世界第一，15米等深线以内的浅海滩涂面积约为12.4万平方千米，海水养殖进一步发展的空间潜力很大。

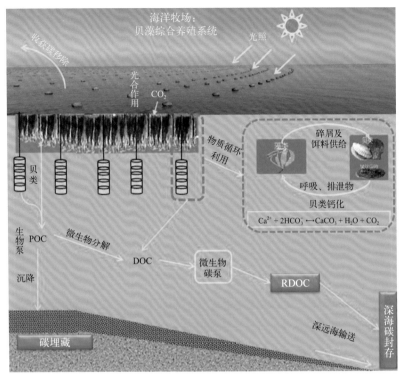

图8-4　渔业碳汇过程示意图

海水贝藻养殖碳汇扩增技术

我国海水养殖居世界首位，多年来依靠自然资源、低成本劳动力等投入实现了养殖规模和产量的迅猛增加。我国海水贝藻养殖虽然规模大、范围广，但总体上仍属于生产力水平较低的劳动密集型、数量效益型的粗放养殖方式，在人口红利和养殖空间日趋紧缩的背景下，发展多营养层次综合养殖、开展养殖海区人工上升流增汇技术是实现海洋生物碳汇扩增的有效方式。

多营养层次综合养殖模式的技术原理是根据不同类型生物功能群的生物学和生态学特性，基于不同物种互利关系、物质循环与能量多

级利用、环境自净等系统思想和生态学原理，结合养殖设施的生态工程化设计，构建具有较高经济、社会、生态效益的多营养层次综合养殖生态系统，达到资源的多层次和循环利用、提高养殖生态系统的稳定性和生产力的目的，实现养殖活动与生态环境保护的协调与平衡。这种养殖模式既可以提高水体空间利用率和养殖设施利用率，又可以有效维持生态系统中溶解氧、CO_2以及氨氮水平的平衡和稳定，降低沉积环境有机负荷，在取得显著经济效益的同时，减轻规模化养殖活动对资源、环境的压力，是实现海洋生物碳汇扩增的有效方式。目前，多营养层次综合养殖模式在世界多个国家（中国、加拿大、智利、南非、挪威、以色列、韩国等）已经得到广泛实践，并在生源要素循环利用、水环境调控、提高养殖生产效率等方面取得了诸多的积极效果。但受限于贝藻养殖机械化程度较低、劳动力资源不足等原因，国外的多营养层次综合养殖实践仅仅处于小规模的试养阶段，技术成熟度较低。目前的技术研发进展主要侧重于科学研究层面，重点关注不同营养级生物间的级联效率、养殖周期匹配、养殖系统智能化管理水平的提升等，目前尚未涉及碳汇扩增方面的相关研究。

养殖海区人工上升流增汇技术是一种通过放置人工系统，形成自海底到海面的海水流动，促进海洋吸收大气CO_2，实现碳汇扩增的生态工程技术手段之一。目前研究比较深入的技术包括：①人工鱼礁式人工上升流技术，该技术发展历史相对悠久，属于人造海底山脉的一种，主要通过改造海底地形，向近海岸较深水域中投放大型水泥砖块、废船等材料，形成人工鱼礁，并在海流的作用下引致人工上升流；②水泵式人工上升流技术，该技术主要应用于日本以解决修建堤坝引起的物理和生态环境变化的问题，可以通过水泵式密度流发生装置，将来自海底的富营养盐、低氧海水抽取至上层，排放并维持该富营养盐混合海水在密度跃层附近，以供浮游植物生长并制造良好的渔业生境；③波浪式人工上升流技术，最初由美国提出并进行了海域试验，证明了深层海水可被波浪泵成功地提升至海洋表面；此后，该技术一直处在优化中，至今尚未实现大规模应用；④气力提升式人工上升流技术，通过布设气力提升式人工上升流装置，解决峡湾内夏季层化现象严重时真光层营养盐浓度不足且氮磷比例失衡所导致的一系列生态灾害问题。

海洋牧场碳汇扩增技术

《海洋科学百科全书》对海洋牧场的定义为：海洋牧场通常是指资源增殖。它的操作方式主要包括增殖放流和人工鱼礁，以人工鱼礁为载体，底播增殖为手段，增殖放流为补充。通过发展海洋牧场，在特定海域，通过人工鱼礁、增殖放流等措施，构建或修复海洋生物繁殖、生长、索饵和避敌所需的场所，可有效增殖养护渔业资源，改善海域生态环境，扩增海洋渔业碳汇。

据联合国粮农组织（FAO）统计，全球已有60余个沿海国家开展海洋牧场建设，其中日本、美国、韩国和中国的发展水平位居世界前列。20世纪70年代末，我国在北部湾投放了第一座人工鱼礁，拉开了沿海人工鱼礁建设的序幕，在经历了1979—1989年的实验阶段后进入停滞期，随着对海洋保护和渔业持续发展的日益重视，21世纪初再次启动人工鱼礁建设，经过20年的摸索已步入全面发展阶段。截至目前，已投放人工鱼礁超6 000万空方，形成海洋牧场面积超850平方千米，已建立136个以人工鱼礁建设为基础的国家级海洋牧场示范区，制订《全国海洋牧场建设规划（2017—2025年）》，并颁布多项海洋牧场和人工鱼礁相关管理办法。我国的海洋生物资源增殖始于20世纪70年代末，尝试在黄、渤海水域增殖放流中国对虾。1984年开始，山东省在国内率先开展了以中国对虾为代表的大规模渔业资源增殖放流活动，取得了较好的效果并随后在全国大范围推广应用。增殖放流的种类有对虾、海蜇、三疣梭子蟹、金乌贼、曼氏无针乌贼、梭鱼、真

鲷、黑鲷、大黄鱼、牙鲆、黄盖鲽、六线鱼等游泳生物以及虾夷扇贝、魁蚶、海参和鲍等底栖生物。其中初具生产规模并且经济效益显著的有中国对虾、海蜇和虾夷扇贝的增殖。

　　国内外重要渔业国家将人工鱼礁作为生态修复和资源养护的根本途径，但人工鱼礁在各国的重视程度、发展水平、功能定位和利用模式上不尽相同。日本以支持大规模捕捞业为根本出发点，并将人工鱼礁以法律的形式确定下来，是全球人工鱼礁建设最发达的国家，目前已达到了规模化、标准化、制度化发展。美国投放人工鱼礁是为了支撑游钓业发展，并出台了《国家人工鱼礁计划》。欧洲和韩国的人工鱼礁立足实现资源养护。我国将人工鱼礁定位为海洋牧场建设的基础措施，通过人工鱼礁生境营造功能为水生生物提供适宜栖息环境，进而实现渔业资源养护。我国是最早提出渔业碳汇的国家，也是最早开展人工鱼礁生态系统碳汇功能探索性研究的国家。一些学者在人工鱼礁碳汇方面开展了预测性分析，并有少数学者在人工鱼礁工程学和人工鱼礁生态系统固碳能力方面率先开展了试验性研究。

微型生物增汇技术

　　我国科学家提出的微型生物碳泵储碳机制，解开了海洋惰性溶解有机碳库的成因之谜，不仅引领了一个新的学科方向，同时也展示了可以通过人为操控生物化学过程实现额外 CO_2 净吸收的海洋负排放系列新路径。微型生物碳汇技术主要通过生态工程和技术创新吸收、储存 CO_2，大量快速增加海洋碳汇和碳储量，主要包括陆海统筹减排增汇技术、微生物和化学联合碱性矿物增汇技术、海洋缺氧区微生物介导的有机–无机联合增汇技术。

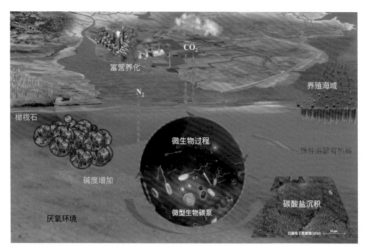

图8-5　微生物介导的海洋负排放技术示意图

陆海统筹减排增汇技术

陆源营养盐大量输入近海，不仅导致近海环境富营养化、引发赤潮等生态灾害，也使得海水中有机碳难以保存，尤其是陆源输入有机碳（约占陆地净固碳量的1/4，约5亿吨）大部分都在河口和近海被转化成CO_2释放到大气，导致生态系统中生产力最高的这类海区反而成为排放CO_2的"源"。若想恢复到"汇"，必须陆海统筹。

基于MCP理论，针对中国近海富营养化情况，在陆海统筹理念指导下，合理减少农田的氮、磷等无机化肥用量（目前我国农田施肥过量、流失严重），从而减少河流营养盐排放量，缓解富营养化，在固碳量保持较高水平的同时减少有机碳的呼吸消耗，提高惰性转化效率，使得总储碳量达到最大化。

陆海统筹减排增汇是一项成本低效益高的海洋负排放途径。在新认识、新理论指导下，以大江大河为主线，结合本地实际情况因地制宜采取有效措施，量化生态补偿机制，可望一举多得。通过制定有关的方法、技术、标准、规范，科学量化生态补偿机制，践行"绿水青山"理念，促成驱动经济与社会可持续发展的"国内大循环"新模式。

微生物和化学联合碱性矿物增汇技术

海洋酸化是目前全球海洋面临的环境问题。一个应对措施是实施海洋碱化，即通过人为施加矿物增加海水碱度从而使海洋吸收的CO_2以碳酸氢根分子的形式长期存储在海洋中。目前已知有效的碱性矿物包括橄榄石、黏土矿物等。依据相关的模型分析研究，全球海洋中添加橄榄石每年可固定36.7亿～183亿吨CO_2。然而，当前国际上针对海洋碱化增加碳汇的技术还处于理论研究阶段，主要是欧洲（英国、荷兰和德国）和美国等国家的学者对其在海岸带和全球海洋范围的储碳效率以及环境效应进行相应的模型评估。目前我国在海洋碱化方面的研究基本还处于起步阶段，通过搭建海洋碱化增汇实验平台并进行研究的结果表明，向海水中添加碱性矿物可以在有效地增强海水的固碳能力的同时起到缓解海洋酸化的作用。

海洋缺氧区微生物介导的有机-无机联合增汇技术

海水缺氧已经成为近海普遍存在的严重环境问题，直接导致渔业资源退化、生物多样性下降，生态系统可持续发展面临风险。针对这些问题，我国科学家提出了利用厌氧条件实施负排放的原理和技术方案，建立基于微生物碳泵、生物泵和碳酸盐泵原理的综合负排放途径，可望在实现增汇的同时，缓解环境问题。

海洋缺氧区微生物介导的有机-无机联合增汇技术主要是依据生物泵和微型生物碳泵，它是指由光合藻类生物、浮游动物等作用，将大气CO_2转变成颗粒有机碳并被沉降到海底的过程，并通过微型生物碳泵增汇技术将海洋活性有机碳转化为惰性有机碳，进而降低活性有机碳被再次转化为CO_2重新释放到大气中的可能性，进而实现海洋增汇。MCP介导的无机-有机联合负排放，可望再现地球历史上曾经出现过的大规模海洋储碳现象。

未来展望

　　尽管我国在发展海洋碳汇方面的自然条件优越，理论基础扎实，但必须指出的是，海洋碳汇领域依然存在"概念不清""家底不明""核算方法学接轨"和"国际引领缺位"等问题。在科学上，"海洋碳循环"和"海洋碳汇"概念不同。必须明确的是：只有通过"人为干预额外增加的海洋碳汇部分"，才能对碳中和国家战略提供支撑。海洋碳的"源—汇格局"是科学问题范畴，通常不区分"自然过程"和"人为过程"。"海洋碳汇"既有科学问题属性亦是工程技术问题，其中通过"人为干预"实现额外增加的碳汇，才具有获得国际认可的属性。在资源上，中国海洋碳汇家底并不清晰。例如，尽管中国滨海湿地的种类很多，但涉及相关物种的分布、现状、面积等基础数据，其可变区间很大，往往导致碳汇核算的变异很大。在技术上，海洋碳汇核算方法学亟须与全球接轨。开展人为干预额外获得的碳汇资源，是否具备"可测量、可报告、可核查"（monitoring, reporting, verification，MRV）属性，是重要参考标准。中国碳汇资源种类丰富，但仅部分（如滨海湿地等）能够参照国际核算方法学纳入国际体系。如何将中国特色的碳汇资源（如渔业碳汇）纳入国际核算框架，是我们面临的紧迫问题。在实施上，中国牵头发起的"海洋碳汇国际大科学计划"是海洋碳汇支撑碳中和的强力抓手。其能够在碳汇核算方法学上直接对应中国特色碳汇资源，帮助科学界纠正概念误区、共同摸清碳汇家底，打造国际认证的中国海洋碳汇标准。

我国海洋碳汇自然资源类型丰富，发展海洋碳汇需从基础研究、技术研发、方法学与标准构建、应用示范等全链条发力，面向海洋这一空间领域制定海洋碳汇支撑碳中和的一揽子"蓝色方案"，在以下方面充分释放海洋科技创新支撑碳中和的发展潜力和动能。

研发基于营养盐调控的陆海统筹负排放生态工程

聚焦陆海统筹理念，合理减少农田的氮、磷等化肥用量，降低河流营养盐浓度，缓解河口和近海富营养化，定位碳固定和碳消耗的最佳平衡，使基于生物泵和微型生物碳泵的总储碳量最大化。综合研究典型河口和近海生态系统微型生物适应机制和储碳效应，解析河口和近海生态系统微型生物对多变环境的适应机制以及对人类活动和气候变化响应的生态韧性，认知河口近海固碳/储碳动态变化规律，确立可用于生态调控的主导因素。通过现场调查和生态模拟，研究陆源输入与河口近海碳"源-汇"转换的生态动力学机制、陆源输入有机碳结构特征、营养盐的动态行为、淡水/海水锋面生物地球化学过程，解析微型生物碳泵与生物泵联合增汇的优化边界条件，并开展现场生态调控示范性研究。结合现场实测和遥感数据，检验微型生物固碳/储碳能力随环境条件变化的参数拟合度，评估推广应用的可行性和生态效益。谋划建设陆海一体化的碳汇监测网络和陆海联动减排增汇模式，科学量化生态补偿机制，建立驱动经济与社会可持续发展的"国内大循环"新模式。

开发滨海湿地生态服务功能与增汇方案

针对海岸带蓝碳单位面积高固碳速率的优势，选择典型的盐沼、红树林和海草床生态系统，建立滨海湿地碳通量监测网络，查明滨海湿地水—土—气—生物循环中的碳通量、时空演变与受控机制；评估红树林、盐沼、海草床、海藻场等滨海湿地碳汇的可持续性及潜力，揭示滨海湿地碳汇关键过程与调控机制，为滨海湿地增汇提供科学蓝图与具体路线。针对人类活动导致的滨海湿地面积减少和功能退化，构建滨海湿地蓝碳示范区，推进生态系统修复工程，建立不同类型的滨海湿地固碳增汇的生态管理对策。以生态系统进化的视角，重新调查和评估互花米草等外来物种的生态效应和生态系统服务功能，全面认识其在生态系统中的作用与功能，综合评估其生态风险和碳汇效应。

研发海水养殖、缺氧/酸化海区的负排放技术方案和综合负排放技术

针对我国是全球最大海水养殖国的现状，根据IPCC特别报告的原则，利用生物泵和微型生物碳泵储碳原理，系统研究综合海水养殖区固碳储碳过程与机理，查明各个环节的碳足迹，建立有效的碳计量方法，形成技术规程。建设海水养殖负排放工程，基于环境承载力进行贝、藻、底栖生物等不投饵生物标准化混养，形成多层次立体化生态养殖格局。通过清洁能源（太阳能、风能、波浪能等）驱动人工上升流调节生态系统内部营养盐循环并促进增汇，变"污染源"为"增汇场"。针对我国近海缺氧、酸化等环境问题，研发厌氧条件实施负排放的原理和技术方案，建立基于微型生物碳泵、生物泵和碳酸盐泵原理的综合负排放生态途径，对近海典型缺氧酸化海区进行系统的现场观测，解析微型生物碳泵主导的储碳过程与驱动机制。模拟研究碱性矿物在海水中的溶解边界及其化学热力学和生态动力学过程，获取系统的过程参数。在典型缺氧酸化海区建立海洋负排放示范区，综合储碳模型，解析微型生物碳泵与生物泵、碳酸盐泵协同储碳最大化的环

境条件和调控边界值，实现缓解环境问题和快速增汇的双重收益，打造可复制的海洋负排放工程样板，科学再现地球历史上的大规模海洋储碳场景。

推动海洋碳汇核查技术体系建设，服务海洋碳交易体系和量化生态补偿

针对海洋碳汇形成过程的复杂性，聚焦海洋碳汇核查技术研发，旨在引领国际建立海洋碳汇核查标准体系。聚焦海洋生态环境调控和元素循环的关键微生物枢纽，研发其驱动的碳汇链条和海洋生态系统功能及产出的耦合关系，突破海洋生态系统的复杂性和现有知识体系的局限性。研发微型生物所驱动的海洋碳汇过程的功能基因家族、关键类群及其代谢产物（有机碳分子），分析碳汇相关的关键微型生物物种、功能基因家族、代谢产物水平上的碳汇图谱，建立高分辨率碳汇核查手段和关键微型生物检测技术体系。研发基于微型生物碳泵机理的惰性有机碳的化学结构特征的分子水平高分辨率溯源与示踪技术；建立基于环境基因组测序的碳汇主线关键微型生物物种和功能基因碳指纹与环境参数数据库；建立基于碳汇功能基因芯片、高分辨率质谱的海洋碳汇核查估算的技术规程与标准体系。基于中国特色海洋碳汇资源，设计海洋碳货币体系，建立基于海洋碳货币的碳中和核算机制与方法学，开展碳汇的碳定价影响要素和模式研究，探索符合国情和国际国内交易规则的海洋碳汇交易模式；开展海洋碳货币体系实施路径研究（市场和可持续交易政策协同），建立陆海协同的碳管理模式，形成陆海联网的碳交易体系，进行海洋碳汇交易试点和示范；制定基于碳汇的量化生态补偿机制，建立代表性河流水系由沿海地区对西部地区的生态补偿体系，促进国内大循环。

牵头发起海洋负排放国际大科学计划，建设海洋负排放国际示范基地，推出海洋碳汇国际标准

推动与主要创新大国的合作，瞄准碳中和多边/双边科技合作切入点和突破口，深入实施"一带一路"科技创新行动计划，推出中国科学家牵头发起的海洋负排放国际大科学计划（Ocean Negative Carbon Emission, ONCE），通过ICES-PICES联合工作组和专家组深入交流和调研，厘清目前海洋负碳排放方面的知识缺口和技术瓶颈，并提出相应的解决方案；推动典型海区建立海洋碳汇长时间序列站，以观察代表性沿海和近海环节的储碳动态；提出针对海洋负排放实践的先期综合实验研究，模拟理解地球历史代表气候条件下、当前气候条件下和未来气候条件下的海洋储碳情景。系统研究微型生物碳泵–生物泵–溶解度泵协同作用机制，建立实现大规模储碳的边界条件，建立相应的负排放方法技术和操作规程，建立微型生物碳泵–生物泵–溶解度泵综合负排放示范基地，在此基础上推出技术规程和碳汇标准体系。通过ONCE向世界开放，推动建立以此为基础的海洋碳汇/负排放国际标准，为全球治理提供中国方案。遵循"查明碳汇过程、研发负排放技术、建立示范工程体系"的路线图，建立和完善碳汇过程参数监测系统化、标准化、自动化、可视化，有序推出系列负排放工程技术，建立负排放示范基地，形成"促进科学研究、帮助企业生产、维护生态环境"的优化模式。依托海洋负排放国际大科学计划，立足中国，辐射全球，将海洋负排放技术与海洋碳汇交易纳入"国际大循环"框架，使海洋负排放示范基地成为向全球推广"中国方案"的样板间。

Chapter 9

第九章

对海洋科技发展的
启示与借鉴

海洋科学与技术的
交叉融合

　　纵观海洋技术发展的历程，我们清晰地认识到，海洋权益维护与军事活动、海洋经济发展与资源开发、海洋环境保护与文明维系、海洋科学研究四类活动如同四驾马车拉动海洋技术的迅猛发展。由于海洋特别是深海、大洋与极区是人类远未充分认知的世界，基于这样一个基本特征，海洋科学的需求对海洋前沿技术的发展产生了尤为重要的推动力。

　　深海潜水器技术的快速发展正是基于深海科学考察的需求并快速拓展到其他领域。自20世纪50年代以来，深海科学研究需求及其蕴藏的油气、矿藏、渔业等资源潜力，直接促成了美国多家公司投入深海潜水器技术的研发，使得"阿尔文"载人深潜器（"Alvin"号）于1963年建成并成为深海科学考察的首要工具。50多年来，"阿尔文"载人深潜器已成功下潜超过4 300次，其中为科学目的下潜比例达80%以上，极大地促进了美国海洋科学考察事业的发展。而通过满足不断升级的科学计划需求，"阿尔文"号下潜能力从2 000米逐渐提升到4 500米，并最终诞生了"新阿尔文"号载人潜水器研制计划，"新阿尔文"号将能够到达全球99%的海底。由于海洋科学研究的发展对深潜器技术不断提出新的需求（如逐渐提出了低成本、小型化、模块化、智能化、高可靠性、高稳定性、长作业时间、长航行距离等的要求），促进深潜器研发领域诸多核心关键技术（如水下导航定位、自动控制、环境传感、能源供给、动力推进、水声通信、耐压结构等技术）的飞速发展，深潜器从20世纪60年代的载人潜水器开始系列化发展，逐渐形成了载人深潜器、无人遥控潜水器、自主式潜水器以及混合式潜水器等系列，而潜水器技术的飞速发展也把科学家的视角带到更深、更远、更危险、更未知的海洋地带，带来海洋科学领域的一次又一次革命性的发现。

与此同时，技术的进步也给海洋科学的快速发展装上了发动机，海洋科学家借助新兴技术，正快速迈向更深、更远的海洋，正更深刻、更直观、更准确地理解海洋的科学规律和秘密。海洋自沉浮式剖面探测浮标（Argo浮标）技术推动了海洋观测手段的革命性进步，人类实现了对大范围、深层海洋资料的长期、自动、实时和连续获取，这得益于传感技术、控制技术、通信技术、耐压材料等技术的进步，人类对海洋的观测迈入多平台、多参数、立体、实时、长时间序列观测的时代，使得海洋科学研究能力和水平实现跨越式的提升。而随着海底观测网络的建立，人类可以实现对数千米深的海底进行远程长期实时观测，可以在一个新型的平台上开展海洋科学的探索和研究。

可以看出，海洋科学与海洋技术的发展唇齿相依，海洋科学和海洋技术的发展是一个相辅相成、交叉融合的进程。海洋科学的发展史，也是一部海洋技术的发展史。

目前，人类对海洋的认知还处于初级阶段，这就决定了海洋科学在很长的历史时期仍将是一门以海洋观测为主要内容的科学。美国海军海洋研究办公室海洋装备项目经理曾发表言论称："阿尔文"号每一次下潜都有可能发现新的生命，在大洋的最深处，总是有新生事物

等待人类去发现。海洋科学本身的发展很大程度取决于海洋技术的进步，而更好地开展海洋科学研究的需求对海洋高技术的进步产生了巨大的推动力。按著名海洋学家瓦尔特的论述，现代海洋学发展的第一个世纪（即20世纪）是一个样本不足的世纪，今天各种革命性的技术已经使得海洋观测和监测迈入了全新的时代。海洋技术特别是应用于海洋观测和深海探测的技术由于固有的公益性和战略性，常常是直接服务于海洋科学的研究，并从海洋科学研究的进步中获得回报和进一步发展的动力。

随着人类对更深、更远的海洋进军步伐的加快，我们有理由展望深海科学日新月异的新局面，我们同时也认识到，深远海科学研究是一项高难度、高风险、高投入的事业，其发展与高技术进步休戚相关。科学家突破现有技术的约束，大胆设想，从科学研究的角度提出对于技术的需求，仍将是海洋技术创新动力的重要来源。海洋技术工作者致力于满足科学家的需求，仍将是技术赖以快速发展的重要途径，充分利用海洋现象与科学问题进行技术创新，技术与科学交叉融合仍将是海洋科技发展的主要模式。

"两张皮"的问题及思索

    明代中晚期以来，受制于当时"片板不得下海"等极端保守的观念和国策，我国领先于世界的海洋文明急剧衰落，海洋文化土壤迅速贫瘠，海洋科技发展戛然而止。我国海洋意识的落后给整个中华民族带来上百年的屈辱和灾难。

    中华人民共和国成立以来，我国现代海洋科技在积贫积弱的基础上起步并快速发展，可以大致分为以下3个阶段：第一阶段，从新中国成立到改革开放初期。新中国成立初期，我国专业从事海洋科学研究的人员只有20多人，海洋调查手段也相当落后，直到1957年才有一条用旧拖轮改装的千吨级调查船，我国的海洋科技工作重点为打基础，查家底。第二阶段，从改革开放至1995年。1977年我国设立了"查清中国海、进军三大洋、登上南极洲，为在20世纪内实现海洋科学技术现代化而奋斗"的战略目标，目前看来，这样的战略目标基本实现，我国形成了比较完整的海洋科学研究与技术开发体系，海洋调查具备了从太空、高空、岸站、海面、水下、海底到地壳的全覆盖及多学科综合观测能力，为海洋科技的快速发展打下了较好的基础。第三阶段，从1996年至今。1996年海洋技术领域被列入国家高技术发展研究计划（"863"计划），至此我国海洋高技术研究进入快速发展

阶段。"全面跟踪、重点跨越"是这个阶段的基本特征。经过三个阶段60多年的不懈努力，我国已基本建立了学科门类齐全的海洋科技创新体系，海洋科技研发相关机构、人才、装备快速增加；我国对于近浅海的科学和应用技术研究已比较深入，取得了一批重大成果；在深海潜水器、海底观测网等一些事关国家发展全局的战略高技术领域取得重点突破，抢占了部分技术制高点；海洋科技的重要性得到广泛关注和认同，海洋科技创新能力作为支撑海洋强国建设核心力量的理念正逐步形成。

我国海洋科技的发展已站在了一个崭新的起点，然而我们仍须以冷静、清醒的眼光和思维正视我国海洋科技与国际海洋科技强国的差距。在世界海洋科技迅猛发展的今天，尽管我国在奋起直追，各海洋科技强国进步的脚步丝毫没有减慢或停歇，仍在保持加快发展的态势，我国与世界海洋科技强国的差距仍然明显。我国海洋仪器设备的市场占有率不足20%，若干核心技术与装备仍需依赖进口；海洋科技总体上仍以跟踪为主，原始创新能力尚不足，发展仍面临"一无三少"的局面：尚无具有较高国际地位的海洋研究机构，海洋科技领军人物少，提出国际前沿的科学问题少，发起海洋相关国际科技合作计划少。

海洋科学与技术各自发展，无法形成合力的"两张皮"的问题长期制约了我国海洋科技健康、协调发展。过去，我国尚未制定国家统一的海洋科技发展方略和资源统筹协调机制，多个部门各自主持（或少数部门联合）制订海洋科技发展规划和计划，遴选海洋科技发展方向和发展重点，由于缺乏有效的统筹和协调，造成规划内容交叉、上下游互不协调等问题。

整体而言，由于计划设置和资金投入等原因，我国海洋科学发展相对滞后，高水平的海洋科技成果匮乏，海洋科学发展未能对海洋技术研发形成有效需求，而以跟踪模仿为主研发的大量技术装备缺乏明确的应用途径和目标，无法和海洋科学发展形成有效互动机制，众多技术装备不能很好地派上用场，不能充分发挥其作用。在国外不断更新、升级换代技术产品的包围下，我国海洋技术发展很难走出"研发—搁置—落后—再研发—搁置"的死循环，如"863"计划"九五"期间研制成功的6 000米自主式潜水器（简称CR-01），几乎与国际先进水平同步，却由于没有研究计划支持科学家去应用，没有海试经费和转化计划支持其技术改进并走向产品，导致今天我国在该领域技术发展落后较大。在我国建设海洋强国的新的历史阶段，海洋科学和技术"两张皮"的问题已经到了必须解决的时候。

促进海洋科学与技术交叉融合发展，一是依赖于国家海洋科学技术发展顶层设计，我们需在全局观、历史观的统摄下，广泛、深入地开展我国海洋科学与技术发展的战略研究，制定我国海洋科学与技术国家发展战略和规划，明确发展方向、发展重点；二是依赖于强有力的跨部门、跨计划调控机制，将我国海洋科学与技术分散资源统筹起来，协调发展，切实打破部门壁垒、条块分割、计划分割的现状，做好国家海洋科学与技术发展管理机制建设；三是依赖于实施一批大型海洋科学与技术交叉融合发展的研究计划或科技工程，从国家层面进行导向和引领，围绕明确的科学目标，相应发展我国海洋技术，先实现在典型海洋科技研究领域或方向的发展和示范，再逐步构建我国海洋科学与技术良性互动的局面；最后是依赖于对传统海洋研究力量的整合以及新型海洋研究力量的发展，以解决科学或工程技术问题，重构研究院所及基地布局，切实将海洋科学与技术交叉融合发展的理念贯彻到研究院所的设计中。

新的征程与展望

　　进入21世纪以来，各海洋国家围绕资源与权益的竞争日趋激烈，"蓝色圈地"运动愈演愈烈，而海洋的竞争，从根本上来说是国家科技实力的竞争。为了谋求在世界海洋竞争中的优势地位，美国、欧洲、日本、俄罗斯、印度等竞相制定国家层面的海洋科技发展战略，加大对海洋科技研发的投入力度，加快提高海洋科技水平和创新能力。2018年11月，美国政府发布《美国海洋科学与技术：十年愿景》，提出了美国海洋科技发展的5大目标，并确定了18个优先发展领域和91项重点任务。英国政府于2018年3月发布《预见未来海洋》，全面阐述了英国海洋战略现状和未来需求，展现了其试图通过海洋科技创新重返全球海洋领导地位的雄心。日本政府于2018年5月发布《海洋基本计划》，提出将重点领域从海洋资源开发转向安保、领海及离岛防卫，确保日本在海洋安全形势日益严峻背景下的海洋权益保护。尤其值得关注的是，联合国海洋学委员会（IOC）于2020年12月发布联合国《海洋科学促进可持续发展十年规划（2021—2030年）》，该规划愿景是"构建我们所需要的科学，打造我们所希望的海洋"，将通过科技创新进行全球海洋治理，引导一场海洋科技和全球海洋治理的革命。

　　另一方面，由于材料、信息、生物、制造等新技术的突破以及智

276

能、绿色、安全等新理念的强化，海洋科学与技术的良性互动更加深入，国际海洋科技呈现出新的发展趋势。海洋科学发展在研究选题上更趋于针对全球变化、资源短缺、生态破坏等人类共同面临的重大问题，在研究手段上更加依赖于高技术工具，在研究方法上趋于多学科交叉和系统化分析，在研究组织方式上更趋于国际化。而海洋技术愈发成为国家竞争力的重要标志，在海洋科学研究、海洋军事、海洋产业发展等多种要素驱动下，海洋环境监测、水下运载与作业、海洋油气矿产勘探开发、海洋生物保护与利用等技术得到快速发展。

我国的海洋科技既面临来自外部环境的强有力的竞争，也面临解决自身发展瓶颈的诸多压力，我们必须实事求是地认识到我国海洋科技创新能力与国际海洋强国差距依然较大、大量海洋核心技术与装备仍需依赖进口、在国际竞争中处于劣势的现状；必须实事求是地认识到国际海洋强国海洋科技进步更为迅速、国际市场门槛快速提升、追赶国际先进水平仍然任重道远的现状；必须实事求是地认识到我国海洋科技尚难以支撑我国传统海洋经济转型升级、难以支撑我国更有效地维护海洋权益、更科学地管理海洋的现状；必须实事求是地认识到我国科技体制改革的复杂性、艰巨性，实现我国海洋科学与技术交叉融合良性发展尚需时日。

在民族复兴的伟大征程中，党的十八大明确提出了建设海洋强国的奋斗目标，要求"提高海洋资源开发能力，发展海洋经济，保护海洋生态环境，坚决维护国家海洋权益，建设海洋强国"，要求"高度关注海洋、太空、网络空间安全"。全社会对"强国家必先强海洋"的历史发展规律、"海洋科技创新能力是支撑海洋强国建设的核心力量"理念的认识逐步深入，"关心海洋、认识海洋、经略海洋"的共识得到高度凝聚。国家对发展海洋科技的需求再一次被提升到前所未有的高度，对海洋科技的投入快速稳步增长，海洋科学与技术正日新月异蓬勃发展，我国海洋科学与技术发展迎来难得的历史机遇。

随着我国科技体制改革向纵深快速推进，我国正在构建新型科技计划（专项、基金）管理体系，在该管理体系的架构下，将建立决策、咨询、执行、评价、监管各环节职责清晰、协调衔接的新体系，建立公开统一的国家科技管理平台；聚焦国家重大科技需求，实施全创新链设计，统筹配置科技资源。在该机制的统筹下，将改变"政出多门，九龙治海"的格局，实现海洋科学与技术的统筹协调发展。

另外，我国海洋科技发展国家战略正在紧锣密鼓的制定过程中，我国即将绘制出海洋强国建设科技发展的清晰蓝图。我国各方科技力量正以前所未有的速度向海洋进军，作为我国海洋科技发展的重要力量——"十二五"期间"863"计划海洋技术领域，瞄准海洋科技未来发展方向——深远海，按照"挺进深远海，深化近浅海"指导思想，将科技资源迅速向深远海领域汇聚，在跟踪国外发展20年后，提出了向"极深水、南北极区、极端复杂海洋环境"发展的"三极"努力方向，并凝练了深海空间站、深海观测网、深海钻探等十大海洋科学与技术交叉融合、互相促进的宏大科技选题。973计划、自然科学基金委等对海洋科学支持力度也在逐年加大，深海科学问题已经成为新的热点选题。"十三五"发布《海洋领域科技创新专项规划》，启动国家重点研发计划"深海关键技术与装备""海洋环境安全保障"两个重点专项，按照"立足近海、聚焦深海、拓展远海、抢占载人深潜制高点"的思路，继续推进海洋科技创新工作。

与此同时，各类新型海洋研究机构应运而生。青岛海洋科学与技术试点国家实验室、南方海洋科学与工程实验室、中国科学院深海科学与工程研究所、浙江大学海洋学院、上海交通大学海洋学院、中山大学海洋学院、清华大学海洋工程研究院、北京大学海洋研究院、中国电子科技集团海洋信息技术研究院等一批新兴海洋科技研究教学机构陆续建成，海洋科学与技术交叉融合理念无一例外成为这些新兴力量的发展理念。如，中国科学院于2014年4月正式启动"海斗深渊前沿科技问题与攻关"先导专项，成为我国第一个海洋科学与海洋技术交叉融合发展的大型海洋科技计划。该计划拟在攻克深渊探测、深渊模拟和全海深潜水器关键技术的同时，对深渊极端生命、特种环境和地质构造活动进行深入研究，在研究内容设置上深刻体现了海洋科学为海洋技术发展提供牵引，海洋技术发展为海洋科学发展提供条件的交叉融合、互为促进的发展理念。

我国海洋强国建设的伟大征程已经开启，积跬步以成千里，我们坚信沿着海洋科学与技术交叉融合发展道路，我国将能够构建活力充盈的海洋科技创新体系，将能够为海洋科技大发展插上腾飞的翅膀，为维护国家海洋权益、保障海防安全、发展海洋经济、保护海洋环境提供强有力的科技支撑。

参考文献

蔡树群, 等, 2007. 海洋环境观测技术研究进展. 热带海洋学报, 26(3): 76-81.

陈江欣, 等, 2013. 地中海涡旋的垂向结构与物理性质. 地球物理学报, 56(3): 943-952.

侯杰昌, 等, 1997. 海洋表面流的高频雷达遥感. 地球物理学报, 1: 18-26.

黄兴辉, 等, 2011. 利用反射地震数据和XBT数据联合反演海水的温盐分布. 地球物理学报, 54(5): 1293-1300.

贾永君, 2010. 东海黑潮锋面不稳定过程遥感与数值模拟研究. 中国科学院研究院 (海洋研究所).

蒋新松, 等, 2000. 水下机器人. 沈阳: 辽宁科学技术出版社.

焦念志, 等, 2021. 实施海洋负排放践行碳中和战略. 中国科学:地球科学, 4: 632-643.

罗续业, 等, 2006. 海洋环境立体监测系统的设计方法. 海洋通报, 25(4): 69-77.

宋海斌, 等, 2009. 海洋中尺度涡与内波的地震图像. 地球物理学报, 52(11): 2775-2780.

宋海斌, 2012. 地震海洋学导论. 上海: 上海科学技术出版社: 1-182.

唐述林, 等, 2006. 极地海冰的研究及其在气候变化中的作用. 冰川冻土, 1: 91-100.

汪品先, 2007. 从海底观察地球:地球系统的第三个观测平台. 自然杂志, 29(3): 125-130.

汪品先, 2011. 海洋科学和技术协同发展的回顾. 地球科学进展, 26(6): 644-649.

吴雄斌, 张兰, 柳剑飞, 2015. 海洋雷达探测技术综述. 海洋技术学报, 34(3): 8-15.

宇田道隆, 1984. 海洋科学史. 金连缘, 译. 北京: 海洋出版社.

张杰, 2004. 合成孔径雷达海洋信息处理与应用. 北京: 科学出版社.

张毅, 等, 2009. 星载微波散射计的研究现状及发展趋势. 遥感信息, 6: 87-94.

赵宪勇, 等, 2003. 多种类海洋渔业资源声学评估技术和方法探讨. 海洋学报, 25 (增刊1): 192-202.

朱大勇, 等, 2008. 台湾海峡西南部表层海流季节变化的地波雷达观测. 科学通报, 53(11): 1339-1344.

朱光文, 2004. 海洋剖面探测浮标技术的发展. 气象水文海洋仪器, 2: 1-6.

ALLEN B, et al., 1997. REMUS: A small, low cost AUV; system description, field trials and performance results. Proceedings of IEEE/MTS OCEANS, 2: 994-1000.

ANDERSON S J, 1986. Remote Sensing with the JINDALEE Skywave Radar. IEEE Journal of Oceanic Engineering, 11: 158-163.

ASAKAWA K, et al., 2011. Design concept of Tsukuyomi: Underwater glider prototype for virtual mooring. Proceedings of IEEE/MTS OCEANS: 1-5.

BARNES L, 1998. HF radar-The key to efficient wide area maritime surveillance. EEZ Technology, Edition 3, ICG Publishing LTD: 115-118.

BARRICK D E, 1972. Remote sensing of sea state by radar. In Remote Sensing of the Troposphere, V. E. Derr, Ed. Washington D. C.: U. S. Government Printing Office, Ch. 12.

BARRICK D E, 1978. HF radio oceanography-A review. Boundary-Layer Meteorology, 13(1): 23-43.

BARRICK D E, 1979. A coastal radar system for tsunami warning. Remote Sensing of Environment, 8(4): 353-358.

BECKLEY B D, et al., 2007. A reassessment of global rise and regional mean sea level trends from TOPEX and Jason-1 altimetry based on revised reference

frame and orbits. Geophysical Research Letters, 34: L14608.

BEHRENFELD M J, et al., 2006. Climate-driven trends in contemporary ocean productivity. Nature, 444 (7): 752−755.

BELLINGHAM J G, et al., 2010. Efficient propulsion for the Tethys long-range Autonomous Underwater Vehicle. Autonomous Underwater Vehicles (AUV), IEEE/OES, 2010: 1−7.

CARESS D W, et al., 2008."High-resolution multibeam, sidescan, and subbottom surveys using the MBARI AUV D. Allan B.,"in Marine Habitat Mapping Technology for Alaska, J. R. Reynolds and H. G. Greene (eds.), Alaska Sea Grant College Program, University of Alaska Fairbanks.

CROMBIE D L, 1955. Doppler spectrum of sea echo at 13.56 Mc./s. Nature, 175: 681−682.

DANIEL T, et al., 2011. The wave glider: Enabling a new approach to persistent ocean observation and research. Ocean Dynamics, 61(10): 1509−1520.

DEMER D A, et al., 2000. Measurements of three-dimensional fish school velocities with an acoustic Doppler current profiler. Fisheries Research, 47: 201−214.

Discovery of Sound in the Sea: http://www.dosits.org/people/history.

DUARTE C, et al., 2013. The role of coastal plant communities for climate change mitigation and adaptation. Nature Climate Change, 3: 961−968.

DUBILIER N, et al., 2001. Endosymbiotic sulphate-reducing and sulphide-oxidizing bacteria in an oligochaete worm. Nature, 411: 298−302.

ETTER P C, 2005. 水声建模与仿真(第3版). 北京: 电子工业出版社.

FIGA J, STOFFELEN A, 2000. On the assimilation of Ku-band scatterometer winds for weather analysis and forecasting. IEEE Transactions on Geoscience & Remote Sensing, 38(4): 1893−1902.

FOOTE K G, 1983. Linearity of fisheries acoustics, with addition theorems. The Journal of the Acoustical Society of America, 73(6): 1932−1940.

FRÉON P, et al., 1993. Consequences of fish behaviour for stock

Assessment. ICES, 196: 190−195.

FUJII S, et al., 2013. An overview of developments and applications of oceanographic radar networks in Asia and Oceania countries. Ocean Science Journal, 48(1): 69−97.

GJRFSAETER J, KAWAGUCHI K, 1980. A review of the world resources of mesopelagic fish. FAO Fisheries Technical Paper, 151.

GJ SAETER J, 1984. Mesopelagic fish, a large potential resource in the Arabian Sea. Deep Sea Research Part A. Oceanographic Research Papers, 31(6−8): 1019−1035.

GURSHINA C W D, et al., 2013. Synoptic acoustic and trawl surveys of spring-spawning Atlantic cod in the Gulfof Maine cod spawning protection area. Fisheries Research, 141: 44−61.

HARLAN J, et al., 2010. The integrated ocean observing system high-frequency radar network: Status and local, regional, and national applications. Marine Technology Society Journal, 44: 122−132.

HODGES R P, 2010. Underwater Acoustics: Analysis, Design and Performance of Sonar. Wiley.

HOLBROOK W S, et al., 2003. Thermohaline fine structure in an oceanographic front from seismic reflection profiling. Science, 301: 821−824.

IRIGOIEN X, et al., 2014. Large mesopelagic fishes biomass and trophic efficiency in the open ocean. Nature Communication, 5: 3271.

JIAO N, et al., 2020. Microbes mediated comprehensive carbon sequestration for negative emissions in the ocean. National Science Review, 7(12): 1858−1860.

KATSAROS K B, et al., 2001. QuikSCAT's SeaWinds facilitates early identification of tropical depressions in 1999 hurricane season. Geophysical Research Letters, 28(6): 1043−1046.

LANCRAFT T M, et al., 1989. Micronekton and macrozooplankton in the open waters near Antarctic Ice Edge Zones (AMERIEZ). Polar Biology,

参考文献

9(4): 225−233.

LEE M A, et al., 2011. Diel distribution and movement of sound scattering layer in Kuroshio waters, northeastern Taiwan. Journal of Marine Science and Technology, 19(3): 253−258.

LERMUSIAUX P F J, 2001. A. R. Robinson. Data Assimilation in Models. Encyclopedia of Ocean Sciences.

MAKRIS N C, et al., 2006. Fish population and behavior revealed by instantaneous continental shelf-scale imaging. Science, 311: 660−663.

MAKRIS N C, et al., 2009. Critical population density triggers rapid shoal formationin vast oceanic fish shoals. Science, 323: 1734−1737.

MARTIN S, 2004. An Introduction to Ocean Remote Sensing. Cambridge, UK: Cambridge University Press.

MECKLENBURG S, et al., 2012. ESA's soil moisture and ocean salinity mission: Mission performance and operations. IEEE Transactions on Geoscience and Remote Sensing, 50(5): 1354−1366.

MISUND O, 1997. Underwater acoustics in marine fisheries and fisheries research. Reviews in Fish Biology and Fisheries, 7(1): 1−34.

MOXLEY R A, 1989. Some historical relationships between science and technology with implications for behavior analysis. The Behavior Analyst, 12: 45−57.

NODLAND W E, et al., 1981. SPURV II-An unmanned, free-swimming submersible developed for oceanographic research. Proceedings of IEEE/ MTS OCEANS: 92−98.

PAPENBERG C, et al., 2010. Ocean temperature and salinity inverted from combined hydrographic and seismic data. Geophysical Research Letters, 37: L04601.

PINHEIRO L M, et al., 2010. Detailed 2-D imaging of the Mediterranean outflow and meddies off W Iberia from multichannel seismic data. Journal of Marine Systems, 79: 89−100.

POLOVINA J J, et al., 2008. Ocean's least productive waters are expanding.

海洋科学与海洋技术交叉融合发展
Interactive Development of Marine Science and Marine Technology

Geophysical Research Letters, 35(3): 1−5.

REYSENBACH A L, et al., 2006. A ubiquitous thermoacidophilic archaeon fromdeep-sea hydrothermal vents. Science, 442: 444−447.

RICHARDSON P L, et al., 2000. A census of Meddies tracked by floats. Progress in Oceanography, 45(2): 209−250.

ROEMMICH D, et al., 2009. The Argo Program: Observing the global oceans with profiling floats. Oceanography, 22(2): 34−43.

RUDDICK B, et al., 2009. Water column seismic images as maps of temperature gradient. Oceanography, 22(1):192−205.

RUDNICK D L, et al., 2004. Underwater gliders for ocean research. Marine Technology Society Journal, 38(1): 48−59.

SIMMONDS E J, MacLennan D N, 2005. Fisheries acoustics: Theory and practice (2nded). Blackwell Science,

SONG H B, et al., 2012. Analysis of ocean internal waves imaged by multichannel reflection seismics, using ensemble empirical mode decomposition. Journal of Geophysics and Engineering, 9(3): 302−311.

STOMMEL H, 1989. The Slocum mission. Oceanography, 2 (1): 22−25.

TANG J, et al., 2018. Coastal blue carbon: Concept, study method, and the application to ecological restoration. Science China (Earth Sciences), 61(6): 5−14.

VAN DOVER C L, et al., 2001. Biogeography and ecological setting of Indian Ocean hydrothermal vents. Science, 294: 818−823.

VINE D, et al., 2010. Aquarius and remote sensing of sea surface salinity from space. Proceedings of the IEEE, 98(5): 688−703.

WANG Y, et al., 2011. Climatologic comparison of HadISST1 and TMI sea surfacetemperature datasets. Science China Earth Sciences, 54 (8): 1238−1247.

WEBB D C, et al., 2001. SLOCUM: An underwater glider propelled by environmental energy. IEEE Journal of Oceanic Engineering, 26(4): 447−452.

WU J, et al., Opportunities for blue carbon strategies in China. Ocean and Coastal Management. 2020, 194C: 105241.

参考文献

YOUNG I R, et al., 1985. A three dimensional analysis of marine radar images for the determination of ocean wave directionality and surface currents. Journal of Geophysical Research, 90(C1): 1049−1059.

ZHANG Y, et al., 2010. Design and tests of an adaptive triggering method for capturing peak samples in a thin phytoplankton layer by an Autonomous Underwater Vehicle. IEEE Journal of Oceanic Engineering, 35(4): 785−796.

ZHOU M, et al., 1994. ADCP measurements of the distribution andabundance of euphausiids near the Antarctic Peninsula in water. Deep Sea Research, 41(9): 1425−1445.